尘世间朴素的欢喜

罗冬梅 ◎ 编著

北京工业大学出版社

图书在版编目（CIP）数据

尘世间朴素的欢喜 / 罗冬梅编著. —北京：北京工业大学出版社，2016.10

ISBN 978-7-5639-4879-6

Ⅰ.①尘… Ⅱ.①罗… Ⅲ.①人生哲学—通俗读物 Ⅳ.①B821-49

中国版本图书馆 CIP 数据核字（2016）第 211117 号

尘世间朴素的欢喜

编　　著：罗冬梅
责任编辑：张　悦
封面设计：翼之扬设计
出版发行：北京工业大学出版社
　　　　　（北京市朝阳区平乐园 100 号　邮编：100124）
　　　　　010-67391722（传真）　bgdcbs@sina.com
出 版 人：郝　勇
经销单位：全国各地新华书店
承印单位：北京建泰印刷有限公司
开　　本：787 毫米×1092 毫米　1/16
印　　张：17.5
字　　数：206 千字
版　　次：2016 年 10 月第 1 版
印　　次：2016 年 10 月第 1 次印刷
标准书号：ISBN 978-7-5639-4879-6
定　　价：32.00 元

版权所有　翻印必究
（如发现印装质量问题，请寄本社发行部调换　010-67391106）

前　言

　　生活就像一望无际的大海，人便是大海上的一叶小舟。大海很少有风平浪静的时候，在生活的大海中航行，我们经常会晕头转向、心神不宁，甚至会感到紧张或迷惘、愤怒或冲动、矛盾或压抑、焦虑或恐惧、贪婪或痛苦等，于是烦恼出现了，它像一根绳索紧紧地捆住我们的心，不知是烦恼缠人，还是人抓着烦恼不放。

　　烦恼常常有美丽的外衣，比如娇美的容貌、殷富的地位、人尽皆知的名声。人们得到它们，也要收下它们负面的部分，越到后来，越是能看到负面的部分，以致自己心烦意乱。

　　静由心生，心不静，则烦恼生。在繁杂的人世间，能够保持一份心灵的宁静，随时回到自己的内心深处，细细品味生命的美妙，无疑是修身养性的最高境界。

　　如果你的心灵如竹简般平和淳朴，为人如菊花般淡泊名利，那么再喧嚣的繁华都不会走进你的心灵，再大的诱惑都不足以让你卑躬屈膝，毁灭性的打击也不能摧毁你的淡定。

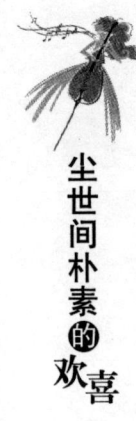

也许有人会说，以这种素淡的心态生活一定会对生活失去动力和激情。其实不然，再汹涌澎湃的人生也会趋于水般平静，再轰轰烈烈的辉煌也必定会经历谢幕的落寞，从而懂得平静地对待得失。看尽人间繁华，享受生命的清欢，这才是尘世间最朴素的欢喜。

本书分上下两篇，教我们如何简单地生活、恬淡地度日，让我们有心情去呵护自己、善待万物，在欢喜中品味人生、享受生活。

目　录

上篇　心是世界的倒影

第一章　心静，不受烦扰所困

心静自然凉 ………………………………………………… 003
内心宁静，才能达到理想的高度 ………………………… 006
保持平常心，做个自在人 ………………………………… 010
无法放心就不能开心 ……………………………………… 013
放下，才能过得轻松 ……………………………………… 015
冲动是幸福的杀手 ………………………………………… 018
绝望中静观其变，等待机会 ……………………………… 021
认清自己，为梦想而努力 ………………………………… 024
找到适合的那扇门 ………………………………………… 026

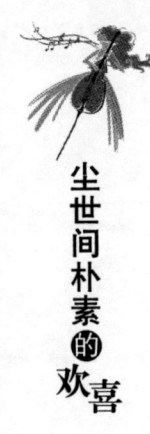

第二章　心简，世界都变得至纯至美

越简单，越幸福 …………………………………………… 031

简单才能"减负" ………………………………………… 035

简单就是快乐 ……………………………………………… 039

为心灵留一份孩童似的简单 ……………………………… 042

劳逸结合，让心灵得到放松 ……………………………… 044

放慢脚步，用心领略世界的美丽 ………………………… 047

把握当下，就是把握未来 ………………………………… 050

没有人愿意欣赏你抑郁的脸 ……………………………… 053

第三章　心宽，接受越多快乐越多

心宽一点儿，便能平和一点儿 …………………………… 057

心胸豁达了，自然就平和了 ……………………………… 060

接受的越多，智慧就越多 ………………………………… 063

只有容得下，才能样样皆有 ……………………………… 066

纠结于琐碎，只会让心情更糟糕 ………………………… 068

有理也要让三分 …………………………………………… 071

计较越少，收获越多 ……………………………………… 075

缺点和不完美没什么大不了的 …………………………… 078

只盯着一个棋子最终会失掉全局 ………………………… 081

心宽者必淡定 …………………………………………………… 083

第四章　心淡，风雨绸缪亦会现彩虹

心态平和，幸福自然而来 ………………………………… 087

好心境决定好生活 …………………………………………… 090

与人为善是耕种"福田" …………………………………… 093

淡泊从容，活出高境界 …………………………………… 096

快乐，人生最大的财富 …………………………………… 099

让心中的浮尘随风而逝 …………………………………… 102

保持自我，体味真正的快乐 ……………………………… 106

聆听我心，领略静谧的魅力 ……………………………… 109

看透了也就看开了 …………………………………………… 111

第五章　心定，世事变迁我心依旧

风浪再大也不要乱了方寸 ………………………………… 115

笑到最后才是最大的赢家 ………………………………… 118

淡定面对一切 ………………………………………………… 122

冲突面前以"忍"取胜 …………………………………… 125
别让怒气冲昏头脑 ……………………………………… 128
学会给自己的怒气降温 ………………………………… 131
让绊脚石变为垫脚石 …………………………………… 135
别让烦恼给自己添乱 …………………………………… 138
不染浮躁,保持一颗清醒的心 ………………………… 141

下篇 淡是最深的滋味

第六章 淡得失,漫随天外云卷云舒

得之坦然,失之淡然 …………………………………… 147
明确自己内心到底追求什么 …………………………… 150
少一份拥有便少一份执念 ……………………………… 153
明理的人心宽 …………………………………………… 156
放弃其实也是一种收获 ………………………………… 159
装装糊涂,于人于己都方便 …………………………… 161
放弃沉重才能得到轻松 ………………………………… 164
失去再多都"无所谓" ………………………………… 167
该放弃时就尽早放弃 …………………………………… 169

用看风景的心情看待人生 …………………………………… 172

一切向前看 ……………………………………………………… 175

第七章　淡名利，闲看庭前花开花落

平平淡淡才是真 ………………………………………………… 178

把虚名拨向身之外 ……………………………………………… 182

把自己放低，做个真正的实力派 ……………………………… 185

看淡名利，把握人间浓情 ……………………………………… 188

斩断名利之绳 …………………………………………………… 191

放弃蝇头小利才能成就大我 …………………………………… 194

别让自己变成名利的奴隶 ……………………………………… 198

潇洒地活着也是一种幸福 ……………………………………… 201

钱财与洁净的心灵永无不会等价 ……………………………… 203

第八章　淡荣辱，拨开云雾见明月

辉煌之时抑制住狂妄之心 ……………………………………… 207

面对侮辱最好的方法是沉默 …………………………………… 210

要有把"冷板凳"坐热的耐心 ………………………………… 213

耐得住苦痛，才能尝得到甜美 ………………………………… 216

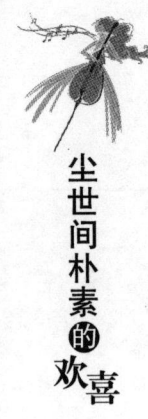

想要得到"高"，必须先接受"低" ……………………… 219

百"忍"成钢 ……………………………………………… 222

忍辱负重，在人生的矿藏开采"金子" ………………… 226

每个人都是一片值得欣赏的叶子 ………………………… 229

时刻把自己放在低处 ……………………………………… 232

能忍才会赢 ………………………………………………… 235

别拿别人的优点来折磨自己 ……………………………… 238

也许不完美才是真的美 …………………………………… 241

第九章 淡贪欲，弱水三千只取一瓢饮

无欲无求才是真正的快乐 ………………………………… 245

知足才能常乐 ……………………………………………… 248

贪心是一种自我折磨 ……………………………………… 251

给欲望定一个底线和标准 ………………………………… 254

欲望是个无底洞，越填越痛苦 …………………………… 257

过犹不及，别让欲望超标 ………………………………… 260

远离欲望这只拦路虎 ……………………………………… 263

上 篇
心是世界的倒影

　　这世界的喜乐其实是由你的心决定的。俗话说,你的心灵是什么样,你看到的世界就是什么样。心境决定处境,如果你的心不静、不宽、不淡、不简,那么你是不可能感受到世间的喜乐的。

第一章　心静，不受烦扰所困

心静如水才是人生的最高精神境界。心静如水，心灵就达到了高度的纯净；心静如水，人品就会变得神圣而崇高；心静如水，心中就能盛开圣洁的莲花！

心静如水之人面对喧嚣的世界，不骄不躁，不扰不乱；心静如水之人能够找到个人与世界的平衡，走出困扰，收获幸福人生。

心静自然凉

世上没有绝对的安静，越是安静的环境，声音反而越容易凸显出来。只要我们能够不在意，那么不论怎样的客观环境都不再是影响我们心情的因素了。

心静自然凉，人们难以控制天气，但是却可以控制心态。生活当中，像天气一样难以控制的事情有很多，这时我们就需要调节自己的心态，保

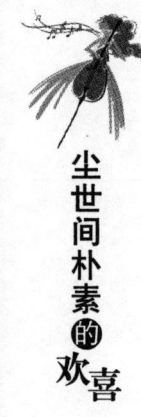

持内心的平和，才能消除内心的烦忧。心平气则静，心态好一些，凡事看淡一些，才能做到真正的从容。

可以想象，炎炎夏日，蛙鸣蝉叫，总是让我们感到心烦气躁，但是到了夜凉如水的晚上，心头的烦躁好像就能缓和一些。我们的心也分为两面，一面是夏日的太阳，一面是淡如水的月亮，只有如月般从容，才能消除心底的烦躁和忧虑。如果只沉浸于自己的安然中，自然不会受环境的影响；反之，如果太过注意周围的环境，就只会让自己产生忧虑和烦躁。

从前在一个庙里有很多小和尚，他们因为年龄小，所以很难保持安静，住持是慈祥的人，对这些小和尚的管教并不严厉，他希望他们能够自己悟出道理，而不是通过寺庙强制的传授。小和尚们每天不坐禅的时候都在寺院中叽叽喳喳地说笑，打扫的时候也会玩闹起来。

有一个入寺比较早的小和尚，年龄稍大，此时的他已经习惯于坐禅的生活，他因厌恶喧嚣，才选此庙出家，也正是这样才能够让他远离喧嚣，过上平静如水的生活。但是其他小和尚扰乱了他的内心，他在坐禅的时候总能听到那些小和尚的喧哗和笑闹。虽然他很想教训他们，但是住持曾经告诉他要以慈悲为怀、宽容待人、与世无争。没有办法，为了留得一方清净，他只能选择到寺庙外的树林中坐禅。

有一天，住持来到小和尚坐禅的树林，问他为什么在这里坐禅，小和尚便一五一十地说了。

小和尚说："因为这里难得清净，寺院中的其他小和尚实在是太过吵闹了，为了修禅，我只能找得一方清净。"

住持笑了笑，问他："这里的蝉鸣没有吵到你吗？"

小和尚答："不去注意就不会影响到我。"

住持微微一笑，反问他："那么你觉得小和尚的吵闹和蝉鸣有什么区别呢？"听完住持的话，小和尚恍然大悟。从那之后，他再也不到树林中坐禅了。

住持告诉了我们一个道理，取决我们心境的并非是客观的环境，而是我们自身。在意周围的环境，就会被周围环境所影响，从容一些，就能忽视那些让我们烦躁忧虑的环境。

如果我们难以保持平和的心态，难以做到从容，那么即使处于安静的环境，我们也只会感到烦闷，这种情绪持续发展就会成为忧虑。我们要改变的不是环境，而是我们内心的波动，只有从自己本身出发，做到从容，才能收获心中向往的安然。

有一个女孩异常容易焦躁。每当她焦躁的时候，就会难以抑制自己的情绪，变得非常冲动，从而致使她周围的空气都像变了一样。每到夏天，她的焦躁就会更胜以往，这样的季节让她非常烦燥。

午睡时，女孩会被蝉鸣影响得睡不着，晚上又会感觉燥热，有时越想安静下来就越是能清楚地听到规律的表针走动的声音，这些都成为影响她睡眠的因素。越是安静的环境，她越是容易听到各种声音，这让她难以入睡。一直保持着这样的生活，她感觉自己有些神经衰弱了。

有一天，女孩的朋友约她一起出去玩，她想反正回到家里也是睡不着，不如就去放松一下好了。他们选择到酒吧去消遣，那里异常喧哗，大家疯狂地跳着舞，音乐的声音大得震耳，可不知道是什么原因，也许是因为这段时间实在是太缺少睡眠了，也或者是放轻松了，这个女孩渐渐沉入自己的小世界中，不一会儿竟然在沙发上睡着了。

耳边震耳的音乐没能成为影响她睡眠的因素，直到最后朋友叫她，她才从睡梦中醒过来。真是奇迹，这竟然是她睡得最舒服的一次。由此，这个女孩也领悟到了，环境并非是影响自己的因素，影响自己的是焦躁的内心。从那之后，女孩下班后就给自己减压，从容地面对生活，也是从那时开始，她每天都可以安然入睡了。

从容一些，往往能够帮助我们脱离困扰。佛之所以能够成为佛，远离世间的烦恼，并非是佛所处的环境没有烦恼，而是因为佛的心已经脱离了情绪的控制，可以做到不以物喜，不以己悲。没有了烦扰，生活自然能够恬淡而幸福。我们缺少的就是佛的从容。

世上没有绝对的安静，越是安静的环境，声音反而越容易凸显出来。只要我们能够不在意，那么不论怎样的客观环境都不再是影响我们心情的因素了。放宽自己的心，如月一般从容淡定，放下不必要的忧虑，自然能够让自己的内心变得平静如水。

内心宁静，才能达到理想的高度

非淡泊无以明志，非宁静无以致远，不能心淡如水的人，难以找到自己的道路。若要明确自己的志向，走向更远的地方，淡定就是一种必备的素养。

想要寻找走出迷宫的出路，就要冷静下来。我们只有静下心来思考，才能找到自己真正需要的东西，为自己制定更加明确的目标，也能让自己走得更远。有时候冲动是一时的，在冲动的情况下所做的决定并非是明智的，要想确定自己的目标，就要让自己先学会冷静。

非淡泊无以明志，非宁静无以致远，不能做到心淡如水的人，很难找到自己的道路。若要明确自己的志向，走向更远的地方，淡定就是一种必备的素养。

有一次，一位探险家到沙漠中去探险。沙漠神秘而危险，稍微不留意就会迷失其中，他深知这点，所以压住心中的杂念，异常注意周围的环境。然而意外还是出现了。

有一天，他遭遇了沙暴的袭击。在沙暴袭击的时候，他本能地趴到了地上，闭紧眼睛，等到沙暴过去之后，他睁开眼睛，发现情况糟糕透了，因为他于慌乱之中丢弃的背包不知道被风沙带到了哪里，更为可怕的是，他挂在衣服上的水壶也不见了！

对于在沙漠之中的人来说，水就是生命，在荒无人烟的沙漠中丧生的人不计其数，找不到方向并且没有水源唯有等死。他有些慌乱了，因为此时的他一无所有。没过几分钟，他就觉得生命开始流逝。

偶然间，他将手伸入口袋中，摸到了一个蝴蝶的标本——那是他曾经承诺给女儿的礼物。原来他并非一无所有，他还有一个标本。他将这个标本当作自己的精神支柱。他平静了下来，然后开始搜索脑海中的经验和知识，开始寻找出路。

烈日、饥饿、口渴，这些都像恶魔一般缠绕着他，在他的耳边不停地说："放弃吧，停下来。"但是他手中握着蝴蝶标本，非常坚定而淡然

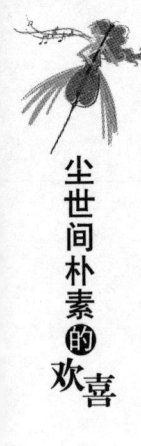

地前行着。一个昼夜过去了,他的周围还是一片沙漠,他的心仍然平淡如水。

三天后,他终于走出了沙漠,他的身体此时几乎到了极限,但是他还是非常淡定地握着蝴蝶标本,仿佛那是他的人生信条一般。也正是因为他冷静了下来,面对困难能够淡然以对,最终才能走出沙漠。

在沙漠之中丧生的人不计其数,在没有水和食物的情况下能从沙漠中走出来可以说是一个奇迹。其实,有时候被困于沙漠中的人并非因为身体到达极限而死去,而是因为失去了理智,变得绝望,所以只能等死。要想顽强地活着,就需要一颗强大的内心作为支撑,淡然是必不可少的一种品质,只有遇事能够淡然以对,才能为自己找到一条出路。

现代生活节奏快,我们易变得非常急躁,无论做什么都想立刻达到目标。要知道,罗马不是一天建成的。确定目标并不困难,难的是坚持的过程,在这个过程中也许会发生很多事,但是我们如果能够保持淡然,按部就班地进行,那么自己的目标就一定能够实现。

曾经有一名年轻人,他出生在一个非常贫困的家庭中,家里条件非常恶劣,连保证基本的温饱都成问题,更没有多余的钱供他读书。所以他很早就进入了社会,虽然他的家庭没能为他提供优越的条件,但是他自己下定决心,无论先天条件如何,以后一定要成为连锁超市的总裁。

目标远大,需要一步一个脚印地完成,年轻人并不冒进,每当有一点儿进步,他在开心过后都会淡然地继续前行。

刚开始,年轻人跟着一群人做苦力,干着非常辛苦的搬运工作,先是在码头,后来到了超市。即使是搬运工,他也觉得自己终于和超市有了联系。他的目标非常远大，因此他的每一步都走得非常稳健，他坚信自己会成功，无论遇到什么困难，他都能够保持内心的淡然。

后来一个偶然的机会，年轻人成为一家超市的促销员，他觉得离成功又近了一步。他努力、踏实地工作，他的淡然吸引了很多人的目光。

他的销售成绩非常好，经理表扬了他，还给他发了奖金，接踵而至的一切都没有打乱他踏实前行的步伐。他宠辱不惊，他的这份淡定受到了经理的赏识。

终于，在两年以后，年轻人成为经理的助理。后来经理被总部调走，他成为这家超市的经理。他离自己的梦想越来越近，虽然经过了很长的时间，但他还是朝着自己的目标稳步前行，不急不恼，从来没有忘记自己最开始的梦想。终于在多年后，他成为连锁超市的总裁。

时间是非常考验人毅力的东西，随着时间的流逝，我们的目标和初衷是否会发生改变，就要看我们是否能够一直保持内心的淡然。不以物喜、不以己悲正是表明了我们对事应该有的态度，确立好了目标，就要下定决心去做，无论遇到什么事情都淡然以对，向着自己的目标前行，如果遇到问题时乱了阵脚，那么目标就会离自己越来越遥远。

淡泊以明志，宁静以致远。没有一颗强大的心，就难以支撑强大的灵魂。无论是荣耀、地位、财富，还是困境、挫折、失败，都要淡然以对。只有内心宁静，才能让自己到达理想的高度。

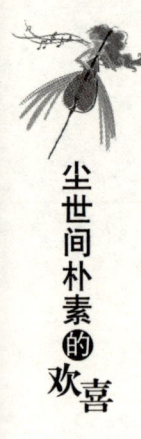

保持平常心,做个自在人

无论外界怎样的喧嚣变幻,自己的内心都风平浪静、波澜不惊,这是一种多么绝佳的禅意姿态,也是心理学中的最高境界。

在这个个性张扬、浮躁忙乱、追逐物质和感官享受的红尘中,不少人的心被撩拨得蠢蠢欲动,不是为追求名利、患得患失所劳役,就是被尔虞我诈、钩心斗角所左右,随之而来的必然是痛苦和烦恼。

如何守住心灵的一方净土,使自己的日子过得顺心而滋润呢?我们不妨静下心来,保持一颗平常心。所谓平常心,即对周围的环境做到"不以物喜,不以己悲",更要对周围的人事做到"宠辱不惊,去留无意,气定心宁,闲庭信步"。

药山禅师是一个很了不起的智者,他有两个徒弟,一位是云岩,另一位是道悟。

有一天,药山禅师带着云岩和道悟出远门,行到某处的时候,他见一棵树长得很茂盛,而另一棵树却只剩下枯黄的枝叶,便想借机示教,于是指着两棵树问道:"在你们眼中,哪棵树更好?"

"当然是茂盛的那棵树好了。"云岩抢先作答,"荣代表着欣欣向荣,是生命的象征。"

"枯的好,"道悟争辩道,"枯,万物归天,一切皆空。"

药山禅师但笑不语，这时候，旁边走来一个小沙弥，于是药山禅师又问小沙弥："这树是荣的好，还是枯的好？"只见小沙弥淡然一笑，回答道："荣的任他荣，枯的任他枯。"

好一个"荣的任他荣，枯的任他枯"。小沙弥心底的那份从容、淡定、宁静显露无遗。无论外界怎样的喧嚣变幻，自己的内心都风平浪静、波澜不惊，这是一种多么绝佳的姿态，也是心理学中的最高境界。

平常心不是懦夫的自暴自弃，不是无奈的消极逃避，不是对世事的无所追求，而是人生智慧的提炼，是对生命的觉悟，它让我们的内心变成一片浩渺的水域，帮我们成为精神的富翁、自由的主人。

能够守着一颗平常心的人，无论他的生活条件如何，无论他是做什么工作的，他都能够在普通或者不普通的生活、工作中，营造出一份平静和谐，在淡然中享受生活真谛的情趣，找寻到生命最真实的姿态。

弘一法师，俗名李叔同，清光绪年间生于富贵之家，是一位才华横溢的艺术家，也是名扬四海的风流才子，他在诗词、书画、篆刻、音乐、戏剧、文学等多个领域中开创了中华灿烂文化之先河，用他的弟子、著名漫画家丰子恺的话说："文艺的园地，差不多被他走遍了……"

但是，正当盛名如日中天，正享荣华之时，李叔同却彻底抛却了一切世俗享受，到虎跑寺削发为僧了，自取法号弘一，落尽繁华，归于岑寂。出家二十四年，他的被子、衣物等一直是出家前置办的，补了又补，一把洋伞用了三十多年。所居寮房，除了一桌、一橱、一床，别无他物；他持斋甚严，每日早午二餐，过午不食，饭菜极其简单。

弘一法师以教印心，以律严身，内外清净，写出了《四分律比丘戒相

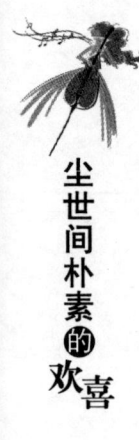

表记》、《南山律在家备览略篇》等重要著作……他在宗教界声誉日隆，一步一个脚印地步入了高僧之林，成为誉满天下的大师、中国南山律宗第十一代祖师。正因为此，对于李叔同的出家，丰子恺在《我的老师李叔同》一文中说："李先生的放弃教育与艺术而修佛法，好比出于幽谷，迁于乔木，不是可惜的，正是可庆的。"

前半生享尽了荣华富贵，后半生却剃度为僧。这种变化在常人看来觉得不可思议，甚至在心理上难以承受，而弘一法师却以平常心淡定自然地完成了转化，淡然地享受着"绚烂之极归于平淡"的生活，并获得了人生的极致绚烂。

这是何其平常而又不寻常啊！李叔同的盛名如日中天，坐拥荣华富贵，却削发为僧，落尽繁华，归于岑寂，并且做得认认真真、平心静气。没有一颗对待人生的平常心，能达到这种境界吗？

总之，保持一颗平常心，就能慎物结缘，自甘平淡。面对外界的各种变化，不惊不惧，不愠不怒，不骄不躁。面对物质的引诱，心不动，手不痒，于利不趋，于色不近，于失不馁，于得不骄。

有人说现在人们最短缺的不是物质，而是一颗平常心。我们暂且不判断这话的正与误，但若拥有一颗平常心，面对外界的各种变化，做到不惊不惧，不愠不怒，不骄不躁，你的内心就达到了禅意的境界。

无法放心就不能开心

我们应该相信，人心都有光明的一面，每个人都想追求和谐的人际关系，你如果处处设防、事事小心，有时就会把好事变成坏事，把美食变成鸡肋。

马老师是个天性乐观的老太太，好像天塌下来她都能像没事人一样唱着歌。她因这种个性很受学生们的欢迎，为升学烦恼的学生经常问她："难道您不会担心吗？难道您没有烦恼吗？"

"十年前，我的烦恼比你们还多。"马老师笑呵呵地说，"那时候我整天都发愁，担心工资不够，担心学生惹事，担心先生的工作不顺利，担心孩子生病……而且那时候我的脾气很暴躁，经常大发雷霆，身边的人只能小心翼翼地对待我，对我敬而远之。"

"可是您现在脾气很好啊！"学生们说。

"是的，因为我先生的妹妹是心理医生，她经常打电话开导我。比如我为了升职而烦恼时，她就会说：'就算不升职又有什么关系？何况，你的业绩够、能力够，怎么会轮不到你？'就这样，每次我担心什么，她都让我知道我的担心是没必要的，让我顺其自然。渐渐地，我发现我担心的事很少真的发生，是我太过紧张，搞得自己神经兮兮。后来我试着控制自己的情绪，凡事都往好的地方想，于是就变成了现在的我了。"

一个人的性格与他的生活状态有密切的关系。整天乐呵呵的人，凡事想得开，不会自寻烦恼，这种人与人相处能够为人着想，被他人喜欢，他们身边总是有欢乐的气氛，让人愿意接近。相反，那些整天忧心忡忡的人，凡事都钻牛角尖，劳神费心，与人相处总会给人带来压力，旁人对其总是能避则避；这类人总是带着一种负面情绪，让人不愿接近。就算彼此有完全一样的生活环境，后者依然不快乐。

因此，对人对事应该豁达，凡事都往好的地方想，有担心就无法放心，无法放心就不能开心。有的人活着总给自己找乐子，有些人却常给自己找闷子。要知道世界上的事大多不能合你的心意，世界上的人也不会按照你的喜好做事，自然也就会与你有摩擦。不过要相信，人心都有光明的一面，每个人都想追求一个和谐的人际关系，你如果处处设防、事事小心，有时就会把好事变成坏事。

有个天性诙谐的百万富翁经常做出一些让人捧腹的事。有一次，他在街边遇到一个乞丐，和这个乞丐聊起天来，他问乞丐："你每天睡在公园的长凳上，会做什么样的梦？"

乞丐说："我啊，经常梦见我住在帝国酒店的总统套间里，真是美！"

"那么，我今天就请你去住帝国酒店的总统套间，费用由我来出！"富翁对乞丐说。

乞丐没想到会遇到这种好事，高高兴兴地住进了帝国酒店。第二天，富翁问乞丐："老兄，住总统套间的滋味怎么样？"乞丐皱着眉说："很豪华、很舒服，但我再也不想住了。"

"咦，这是为什么？"富翁惊讶地问。

"睡在长凳上的时候，我梦到总统套间，但住在总统套间的时候，我就会梦到我在长凳上睡觉,这真是太凄惨了!"乞丐回答。

一个乞丐难得有机会住进总统套间,却做了整晚的噩梦,可见担忧太多的人连幸福的机会都把握不住。人们总是担心自己拥有的东西不能长久,但担心有什么用?该过去的都会过去,想留都留不住,不如享受当前,珍惜时光。

过多的担心并不是好事,忧郁会影响寿命,也会影响人的健康。在一项针对老年人寿命的调查中,那些长寿的老人大多性格开朗、喜爱热闹,而那些忧郁的老人常常郁郁而终。生命只有一次,为什么要陷入忧郁,让自己的幸福感大打折扣呢?

当你感到幸福的时候不要主动走进阴影,就算有了不顺心的事,也要看看事物的另一面,让自己的心里有更多阳光。不要总是担心这个,担心那个,不是担心自己有损失,就是担心他人会伤害自己。你以什么样的眼光看待世界,世界就会变成你眼中的样子:心理阴暗的人,看到每个人都心怀恶意;心胸豁达的人,看到的便是海阔天空。

放下,才能过得轻松

如果你希望自己的人生旅程是快乐的、轻松的,那么就应该时常静下心来,好好地整理身上的"背包",舍弃掉那些多余的负担,放下所有不值得背负的东西。

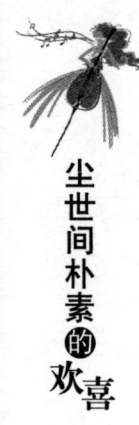

生命如同一段旅程，在这段旅程中每个人都背着一个空行囊向前行进。一路上，我们不断地捡拾想要的东西，就这样越往前走，身上的包袱越重，如此一来，身心渐渐不堪重负，轻松也就渐渐地消失了。

所以，如果你在生活中时常感到内心沉重、疲惫不堪，那么就需要静下心来，检查自己是否背负着太多无价值的、不必要的包袱，背着它们你是否感觉异常沉重？好好思考一下你还将它们扛多久。

一个年轻人千里迢迢地从山上来到海边，想到一个地方去。他驾一叶轻舟扬帆出海，披恶浪、战狂风，鞋子破了，手也受伤了，流血不止，嗓子因为长久的呼喊而沙哑，但还是没能达到他的目的地。

有一天，年轻人靠岸休息时遇见了一位智者，便虚心求教："大师，我是那样的执着、坚强，长期跋涉的辛苦和疲惫难不住我，各种考验也没有能吓到我。我已疲惫到了极点，但是为什么还到不了心中的目的地呢？"

智者看了看他背后的大包裹问道："你的包裹里装的是什么？"

年轻人回答："它对我可重要了。里面有我生活所需的用品，有我每一次跌倒时的痛苦，每一次受伤后的哭泣，每一次孤寂时的烦恼，还有沿途获得的珍宝……靠着它，我才有勇气走到这里。"

智者听完问他："你的力气实在是太大了，你一直是扛着船在赶路吧？"

年轻人很惊讶："扛船赶路？它那么沉，我扛得动吗？"

智者微微一笑，说："你从那么远的地方，背了那么一大堆东西来，岂不有力？不就如同扛了船赶路吗？过河时，船是有用的，但过了河，就要放下船赶路呀，否则它会变成你的负担。"

听完智者的话，年轻人顿悟，他把那个包袱放了下来，顿觉心里像扔掉一块重石一样轻松，他发觉自己的步子变得轻松而愉悦，比以前快得多，目的地近在咫尺。

原来生命可以不必如此沉重！

故事中的这位年轻人因为不懂得放下身上不必要的背负，内心郁积，身心不堪重负，后来他在智者的指点下卸下了沉重的包袱，最终让身心轻松上路，更加快速、顺利地到达了成功的彼岸。

这正如日本政治家德川家康所说的一句话："人生不过是一场带着行李的旅行，我们只能不断地向前走。在行走的过程中，要想使自己的旅途轻松而快乐，就要懂得在沿途抛弃一些沉重的包袱。"

的确，如果你希望自己的人生旅程是快乐的、轻松的，那么就应该时常静下心来，好好地整理身上的"背包"，丢弃那些多余的负担，放下所有不值得背负的东西，比如，你犯过的错误，你说过的错话，那些让你愤恨的人……

天使之所以能够在高空中飞翔，是因为她有双轻盈的翅膀。如果她的翅膀系了多余的包袱，她就可能再也飞不远了。我们也应该如此，只有及时清理"背包"里面沉重的负担，才能在红尘之中素心若莲。

作为一个作家、投资人和地产投资顾问，爱琳·詹姆斯在这些领域努力奋斗了十几年，密密麻麻的事宜日程塞满了她生活的每一分钟，令她的生活忙碌而紧张，情绪整天紧绷着，身心疲惫。

一天，爱琳·詹姆斯意识到自己再也忍受不了这张令人发疯的日程表了，于是她决定摒弃一些东西。她列出一个清单，把需要从工作中删除的事情都写出来，然后采取了一系列行动。比如，她把堆积在桌子上的所有

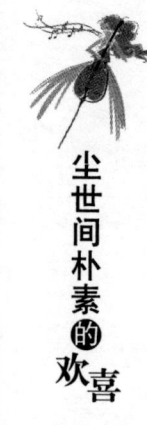

没用的杂志和信件全部清理掉,取消了大部分不必要的电话预约,又电话给一些朋友取消了每周两次为了拓展人际关系的聚会。

通过这些有选择的舍弃,爱琳·詹姆斯忽然感觉到自己不再那么忙碌了,有了更多的时间陪家人,有了更多的思考时间,因为睡眠时间充足,心态变轻松了,工作效率得到了很大的提高,身体状况也好了很多。

后来,在她的作品中,爱琳·詹姆斯感叹道:"从来没有像如今这个时代让人类拥有如此多的东西,这些年来我们也一直被诱导着,误认为我们需要拥有这一切,而事实上很多东西都是生活的累赘,我们沉溺其中只会心烦意乱。与其这样忍受折磨,不如舍弃。"

看到了吧,疲惫时静下心来整理一下自己的"背包",放下那些不值得背负的东西,这样才能让自己轻装上阵,迈出新的步伐,也会更有信心走好后面的路,享受到更多生活中美妙的色彩。

冲动是幸福的杀手

只有真正掌控好自己的情绪,才不会冲动地说出伤害他人的话、做出伤害他人的事,才不会让自己吞咽因为一时冲动而种下的苦果。

一个周末的晚上,梦婷在阳台上浇灌那些种植的花花草草,刚好看见和她隔着一条防火巷的邻居雅丽在阳台上整理旧物。但雅丽的动作十分粗鲁,物品之间发生的碰撞声,就像是来自她内心深处的抱怨。

这个时候，雅丽的丈夫从客厅端来了一杯热茶，捧到她的面前。这是一幅多么令人感动的画面啊。为了不打扰这对夫妻，梦婷轻轻地放下水壶朝屋里走去。正打算转身的时候，她听到雅丽的抱怨声："别在这里假惺惺地装好心了，我不需要！"也许雅丽需要的并不是一杯热茶，而是丈夫可以分担她的家务。但是，在丈夫对她表示关心的时候，雅丽实在是不该一时冲动把所有的坏情绪都发泄到丈夫身上。

很多时候，一时冲动很有可能会成为你自身幸福的杀手，冲动让你变得面目可憎，冲动不是魔鬼，可是却能够把我们变成魔鬼。

我们所追求的幸福生活是一种平衡。我们应该努力去寻求自身与生活之间的平衡关系，不能总是因为一点儿小事就随意发脾气。虽然平淡如水、没有波澜的生活令人烦闷，但如果任由自己的感情肆意宣泄，那么你就有可能永远都不会拥有幸福。

只有真正掌控好自己的情绪，才不会冲动地说出伤害他人的话、做出伤害他人的事，才不会让自己吞咽因为一时冲动而种下的苦果。

一个良好的生活态度应该是从多个视角去审视自己的生活，并从中找到情感和理性的最佳搭配，这才是我们在追寻幸福的道路上最值得尝试的事情。

我们可以从下面这个故事中体会到一时情绪化的冲动是多么危险的一件事。

在巴格达有一位非常富有的商人，有一天，他派家中的仆人去市场购买食物。可没过多久，仆人就匆匆赶回来了，并且脸色苍白、浑身颤抖地对他说："主人，刚才在市场里，我被一个女人狠狠地推了一把，我回头

一看,发现是死神在推我。她还对着我做出了一副十分凶狠的样子,现在请把您的马借给我吧,我必须尽快从这里逃走才能躲过这个厄运。我要去萨马拉,只有到那里,死神才不会找到我。"

商人听后非常生气,觉得死神威胁自己的仆人就等于和自己过不去。但他还是将自己的马借给了仆人,仆人骑上马后,快速地朝远方奔去。

然后,商人来到了市场,他看见死神正站在人群当中,就气冲冲地走向死神问道:"今天早上,你为什么要凶狠地威胁我的仆人?"死神听后吃惊地说:"我根本没有威胁他,我只是很意外能在这个地方看见他,因为今天晚上我们约好要在萨马拉相见的。"

一时的冲动很有可能会成为个人心理发展的障碍,让人变得不理智,甚至还会做出一些不堪设想的事情。

日常生活中,过多的情绪化行为会影响人和人之间的和谐相处。对于整个社会来说,当人的情绪化行为逐渐演变成一种个人倾向时,自己就很难控制自己的情绪了,严重时还会给社会带来损失。

那么,我们究竟应该怎样去控制自己的情绪化行为,让自己变得不那么容易冲动呢?

首先,要勇于承认自己情绪上的弱点,不要刻意回避自己的情绪。很多人都非常容易冲动,并且冲动起来就很难自我控制,这个时候要怎么处理呢?关键就是要正视自己的这个弱点,在此基础上再仔细分析自己容易冲动的原因,然后找一些方法努力克服。这样一来,就可以时刻提醒自己:不要冲动,冲动是魔鬼!

其次,要学会正确认识和对待社会上存在的各种矛盾。在看待问题时,要多看事物光明和积极的一面,这样才能让自己发现生存的意义和价值，让自己变得更加乐观向上，从而也增加了克服挫折的勇气、希望和信心，即使遇到一些不平的事时也不会只顾冲动地发泄，而不顾及后果。

最后，要学会正确发泄自己的消极情绪。一般来说，当人处于逆境的时候就非常容易产生不良的情绪，当这种不良的情绪得不到很好的宣泄时，人就很容易冲动地去做一些不顾后果的事情。这个时候，就需要在适当的时候将这种不良的情绪发泄出去。例如，找朋友喝茶聊天，找一些自己感兴趣的事情做，并从中找寻自己的精神安慰和寄托，让自己的不良情绪得以平复，切莫因一时冲动迷失了自我。

绝望中静观其变，等待机会

对待任何情况，都要有变通的心态，包括对待绝境。绝境会出现，例如自身能力不足、缺少应对能力，长期的漏洞导致无法弥补等，结果压迫性的状况造成了人的暂时性"无能"，不是不想对抗，而是觉得即使对抗了也没有什么实际作用。这个时候，不妨先不要对抗它，静静地观察，直到转机出现。

在绝望的情况下如此，这种思维还可以延续到生活的各个领域，不论哪种情况，只要你觉得手足无措、完全想不到办法，也找不到人帮忙，但你又不想放弃时，那静观其变就成了你唯一的选择，也是最佳的选择。把事情的每一个变化看清楚，适时地调整自己，就能看到机会，然后一举解决它。

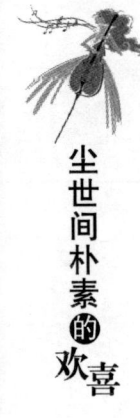

有城府的人相信成功是努力和等待的结果,没有努力,天上不会掉馅饼,谁也不会把成绩给你送上门来,努力是一切成就的基础。除了努力之外,时机也很重要,如果时机不对,那么再多的努力也白费。而时机对了,纵使花费很少的气力也能取得很大的成就。当然,后者运气成分太大,不会被讲究实际的聪明人采纳,他们更相信在努力中等待时机才是最好的方法。

一家大公司正在招聘一个重要部门的经理,投来简历的既有资深的商场人士,也有海归博士,更不乏朝气蓬勃的社会新人。董事长很重视这个职位,通过层层选拔,有三个人获得了最终考试的资格。

这一天,三个应聘者同时收到邮件,要求三人于次日下班后到公司人事部进行最终面试。三位应聘者经过悉心准备,准时到达公司,却发现公司大门紧锁,一个人也没有。

"是不是写错了日期?"一个应聘者等了一个小时,决定回家查证。

"一个大公司如此不注重信誉,让我失望。"第二个应聘者等了两个小时,决定离开。

直到深夜,第三个应聘者还在等待,这时董事长的汽车缓缓开来,车里坐了董事长和几位经理,他们恭喜应聘者获得了这个职位。原来,这是董事长精心设计的测试,旨在考察应聘者的牺牲精神和耐力,只有第三个应聘者通过了考验,成功拿到了职位。

第三个应聘者之所以等待那么长时间,是因为他相信一个大公司的董事长不会无缘无故和人开玩笑,也不会把如此重要的事弄错。因此,在这种情况下,在原地等待问个究竟好过自顾自地下结论,然后自己回家。而董事长的测试也道出了"静观其变"的精髓：牺牲的精神和耐力。牺牲精神，既是指可能浪费自己的时间精力，也是指在选择坚持的时候放弃了其他可能；耐力，则是等待者的必备素质。

　　静观其变应该成为一种习惯，既是思维习惯，也应该是遇到困境时候的第一反应。绝望说到底是一个心态问题，如果能从心态上彻底突破，那么就能在多数情况下保持自信和冷静的状态，这无疑能使人变得更细心、更谨慎、更平稳，也更优秀。静观其变不是说安静地站在原地什么也不做，而是要做到以下几点：

　　1. 关注细节

　　人们常说细节决定成败，在困境中，每一个微小的变动都可能是转机，要关注环境的每一个细节，因为细节的变动常常是整体变动的前奏，你看到了，才能见微知著，做出下一步计划。此外，我们遇到的困境很少是纯外界因素造成的，主要由人力控制，要观察环境中的每个人，把他们的一举一动都看仔细，他们的行为必然会影响到局势的发展，你也可以通过改变某个人而使事情朝对你有利的方向发展。

　　2. 放眼整体

　　一块精美的手表能够成型，既要有设计师精湛的眼光，也要有技师的技术，也就是说，既要注重整体，也要注重细节。有整体意识最大的好处是更明白自己的处境，而且更甘愿为了长远利益做出暂时的牺牲。而且，看事情全面，就会看到很多以前忽略的东西，从中找到与以往不同的思路，这本身就是一种锻炼。

　　3. 不放弃任何机会

　　对待绝境，有时候需要背水一战的勇气，有时候需要铁杵磨成针的耐性，有时候需要出奇制胜的思维能力，其实这些东西都说明了一个道理：

如果不放弃任何机会,总有一个方法能让你突破绝境,一个方法不对,就去试下一个。静观其变的最高含义是"静中有动",在冷静中寻找突破的方法,看到机会、想到办法就立刻行动起来。

也许是因为胸怀大志的缘故,有城府的人所遇到的绝望时刻比一般人要多得多,他们能够一次次度过困境,一是因为平日的"修炼",不论是能力还是心态,都能保证他们在困境来临时冷静自持、伺机而动;二是他们从不放弃自己的目标,因为他们的目标不是不切合实际的,而是只要克服困境就能达到的,这样他们就凭添了勇气和魄力。所以,不论面对什么样的绝境,你所能做的就是坚持、坚持、再坚持,成功往往就在下一秒出现。

认清自己,为梦想而努力

每个人都有属于自己的优点和财富,一味盯着这些东西,就会踟蹰不前,只有知道自己缺少什么,才能想办法弥补。

花无百日红,所以很多人说急流勇退是一种智慧,"退"是以退为进。很多人因为不了解自己而走上错误的道路,只有清醒的人才能随时根据自身的情况,做出适合长远发展的决定。

据说在每一场运动会之后,各国教练都会叫所有队员进办公室开会,一遍遍地放比赛录像,分析每位选手在比赛时的失误,并要求这些队员限期克服这些缺点。世界上没有完美无缺的人,有自知之明的人最可贵的不是知道自己拥有什么，而是发觉自己究竟欠缺什么。每个人都有属于自己的优点和财富，一味盯着这些东西，就会踟蹰不前，只有知道自己缺少什么，才能想办法让自己变得比以前更完美。我们也许不能使自己十全十美，却可以尽量避免出现第二次失误，这就是一种进步和成熟。

一家大公司正在招聘新职员，看着来应聘的几百个人，经理问他们："你们希望得到什么职位？你们认为自己能做到什么程度？"

想来大家都听过拿破仑的名言："不想当将军的士兵不是好士兵。"应聘者们以为这是公司在考察他们是否有足够的志气，于是他们不客气地说出自己的雄心壮志。这些应聘者大多想做到经理位置，最低也要做一个主任。经理看着他们的简历上大多写着大学毕业，不禁苦笑。

这时，一个应聘者老实地说："我想做贵公司的销售员，我认为自己能够做好这项工作。"经理立刻说："你被聘用了，我已经面试了上百个经理和主任，终于等到了一个销售员！"

一家公司举行招聘会，面试的人都想当经理，可他们只是普通的大学毕业生。一个连工作经验都没有的大学生，想要靠书本上的理论直接当上经理或者主任，这个现象让公司经理十分感慨。当今社会有很多缺少自知之明的人，他们注定要为自己的不切实际多吃苦头。想当将军不是错，但不先当优秀的小兵，如何能做将军？

在现代社会，自知很重要。一个人要知道自己究竟有多少能力。有个成语叫"螳臂当车"，说的是古代一位国王驾车出游，一只螳螂突然来到车前，挥动着锐利的手臂，像是要迎战疾驰的马车，尽管它很勇敢，但马车轻而易举地将它碾成了碎片。一个人对自己的能力没有正确的认识，一

味追求过高的目标，结果只能是浪费时间、浪费气力。

自知，还要知道自己适合做什么。我国文豪鲁迅先生在遗言里曾嘱咐自己的后代："如果没有文学细胞，就找点小活计过活，不要当空头文学家。"以鲁迅先生的智慧，他知道人一旦从事不适合自己的事，既是一种折磨，也无益于自身发展。

自知，还要知道在一定的时间自己必须做什么。毕业的时候，一个学生问导师："您觉得我现在应该读点什么书充实自己呢？"导师说："你现在需要的不是读书，而是读招聘广告。"一个人应该明白在他的每个成长阶段，他的首要任务是什么，学生阶段要学习，进入社会要工作，只有把每个阶段最主要的事情做好，才能有更雄厚的资本发展自己的梦想。

自知之明并不是妄自菲薄，相对于我们的目标而言，我们的能力还很有限，我们的路仍然漫长，但这不代表我们与自己的梦想绝缘。因为通过努力，我们能够由小到大、由弱变强，一步步缩小理想与现实的差距。一个人如果能够静下心来认清自己，且不放弃梦想，能够为梦想而改变、而努力，这样的自知之明最为珍贵。

找到适合的那扇门

每个人都有自己擅长的事，只有做这些事，才能发挥出他的全部价值；如果做不适合自己的事，最多算个优秀的普通人。

有这样一张漫画：有一扇窄窄的门，门上写着"成功"二字，一个胖子努力地想要进去，但以他的体形根本无法进入那扇窄门。

他不知道，在离他不远的地方，有另外一扇写着"成功"的大门，那扇门又高又宽，胖子能够很顺利地通过。可这个胖子太过留意第一扇门，根本没法发现几米之外还有另外一扇适合他的门。

失败者中都有像这个胖子一样的人，不是能力不够，而是没有找到适合自己的门。

简单的漫画常常给我们很多启示，一些深刻的道理通过一幅画面让我们在大笑之余一目了然。就像这张关于成功的漫画，一个胖子想要挤进成功的门，但那扇门太窄，根本容不下胖子进入。就算胖子用尽办法，这扇门始终与他无缘。他没想到就在几步开外的地方，还有另一扇通往成功的门，这扇门不高不矮、不宽不窄，为他量身定做，但他眼中只有自己认定的"成功"，因此没有发现自己究竟错过了什么。

每个人都有一扇属于自己的门，但世界上有这么多扇门，我们难免头晕眼花，只盯着那些华贵的、雄伟的门，在门前不断徘徊，试图进入。其实，门后可能是同一个世界，为什么要在意从哪扇门走进去？也许你能够打开的门看上去很矮小、很简陋，但它们没有那么高的门槛，你可以很轻易地迈过去，进入属于你的领域。为什么一定要把目光集中在那些让人眩目的门上，而不去寻找适合自己的门呢？

古代有个诗人升了官，为了显示自己的气派，他想要修缮一下自己的房子，于是派人请了一个工匠。令诗人惊讶的是，这工匠简直是个"饭桶"，不会刷墙、不会木工、不会铺瓦。诗人愤慨地说："你这样的技术怎么当工匠？"工匠自信满满地说："您还真别生气，我虽然不擅长这些活计，但您哪天要是想盖新房子，找我！包您满意！"诗人哪肯相信这工匠的鬼话，气愤地将他打发走了。

有一天诗人去衙门办公，路边有一户人家在盖新房，指挥工人的赫然就是那个"饭桶"工匠，只见他拿着一个绘有设计图的卷轴，井井有条地给工人分配任务，盖了一半的房子看上去豪华气派，又有很多匠心独具之处，看得诗人叹为观止。

有时候我们经常感叹一些人做着不适合自己的事，比如李煜和陈叔宝也许应该做诗人，却很不幸地生在帝王之家，在诗词歌赋上的才华并不能让国家太平，最后他们成了亡国之君。更多的时候，我们会发现身边有很多人都在做不适合自己的事，也许还包括我们自己。如果觉得不得志，就应该仔细发掘一下自己的优势，世界上没有没有用的人，只有被放错位置的人。

每个人都有自己擅长的事，只有做这些事，才能发挥出他的全部价值，做不适合的事，最多算个优秀的普通人。人们常常羡慕身边的那些有能力的人：某人的英语比美国人说得还标准；某人的钢琴演奏拿到过国家大奖；某人的厨艺可以媲美五星级饭店的大厨……用自己的缺点比他人的优点是一件痛苦的事，无论如何比，都比别人差一截。有时候不妨换个角度，拿自己的优点比一下他人的缺点，就会发现人无完人，但每个人都有自己的优势。如果还没找到这个优势，那就要动点脑筋，也许你最适合做的事就在眼前，只是你没有正确分析、及时发现。

徐清是市一中的英语教师，从教三年，他扎实深厚的基本功给学生留下了深刻的印象，但是不佳的口语又限制了他的发展，学生们经常说：

"徐老师的口语如果再好一些,就是最完美的英语老师了。"

徐清也在为这件事忧虑,连续三年,他的教学成绩虽然很优秀,但因为口语差,比不上同级的几个英语老师,他想要得到的职称总是和他擦肩而过,就连他的工资也没有多大起色。他也想要改善自己的口语,可他已经错过了学习语言的最佳年龄,补起口语来格外吃力。

一天,妻子对他说,既然你的基础好,笔头功夫也好,不如试试做笔译。徐清起初没把妻子的话当一回事,只偶尔翻译一些海外小短文投给杂志社,没想到这些文章受到了编辑的称赞,徐清突然看到了自己的前程。他便用课余时间翻译了一本小说投给出版社,出版社惊叹于他的笔译水平,于是邀请他参与一套英文丛书的编译工作。经过慎重考虑,徐清最终辞去了教师工作,他知道翻译才是最适合自己的道路。

徐清是一名不错的英语教师,他的英文功底让学生佩服,但徐清的口语不好,影响了他的课堂教学效果。后来徐清开始尝试翻译,发现这才是他能够一展特长的领域,他辞掉不适合自己的教师工作,准备专心致志地从事翻译工作,做出一番事业。

一位芭蕾舞演员在幕布后羡慕地看着那个扮演白天鹅的主角,而她只是一个小角色,是众多天鹅中的一只,只有不到一分钟的出场机会。人生就是一个舞台,想做主角的人很多,但主角只有一个,其他人只有羡慕的份。但人生并不是一台舞台剧,生活中有大大小小的舞台,总有一个舞台是你的专长,让你在其中自得其乐。对家庭主妇来说,相夫教子就是她的舞台;对体育教练来说,培养世界冠军就是他的舞台;对教师来说,教出优秀学生就是他的舞台……只要努力有了回报,有了价值,又何必在平台前的人不是自己呢?

成功的人都擅长定位自己，他们知道自己究竟该走哪条路。进入 21 世纪后，考入大学的人越来越多，但也有越来越多的人更早地开始经营自己的人生，他们或出国，或学技术，或经商……当他们确定自己不适合读大学时，就用更多的时间去做适合自己的事。这需要勇气和魄力，但也意味着他们比别人多走了四年。

所有成功者都明白，生命只有一次，成功的机会不多，把自己放错位置会浪费有限的时间。他们早早地找到自己的舞台，为成为主角而奋斗。

第二章　心简，世界都变得至纯至美

想要的多了，是负累；奢望少了，会满足。微笑的眼睛，才能看见美丽的风景；心境简单，才能拥有快乐的心情。

心简之人于质朴中透着柔美，在静谧中带着安详。因为看透一生爱恨浮沉，懂得在浮华尘世漫漫前行，所以如行云流水般自在，心简而不枯。

越简单，越幸福

幸福不是一道题，无须进行精密的计算，凡事看得简单一些，少一些忧虑，幸福自然就会来敲门。

生活是复杂的，然而我们能选择简单的生活方式。过于在意生活中的繁杂，那么生活就会变得繁杂，万事看得简单一些，自然就能找到一种简单的生活方式。将万事看得淡一些，不要为自己的生活添加太多华而不实的点缀，那些只会成为生活的负累。

生活也好，感情也罢，看得简单便是简单，如果时常担心忧虑，那么就感受不到幸福。不要为那些事情而忧虑，万事看开一点儿，爱也好，生活也好，都会变得很简单。

人们总是弄不清楚什么才算是幸福，于是总觉得自己离幸福很远，所以想尽办法去追求看不见的"幸福"，结果除了让我们的生活变得极其忧虑、复杂外，没有任何改善。其实，幸福就在我们身边，只要少一些忧虑，学会知足，让自己的生活变得简单一些，就能把握住幸福。

从前有一个商人，他是别人眼中的成功人士，但他每天都过得不快乐，更是厌恶了城市的喧嚣。终于有一天，不堪重负的他放下手中的工作，带着积蓄，为了寻找幸福的真谛开始了四处游历的生活。

商人来到一个非常落后的小村子，那里的生活非常贫困，人们每天都要辛苦劳作才能够勉强度日。孩子们没有上学的条件，几乎都要帮助家里干农活才可以维持生计。他在那里停留了一段时间，心中居然感受到了从未有过的幸福。小村子虽然落后，却与世无争，人也非常淳朴，没有钩心斗角，没有尔虞我诈，每天日出而作，日落而息。

商人每天白天都会到山坡上思考。虽然他想要追求这种幸福，也暂时放下了自己的一切，但是偶尔还是会想到自己的生意。

有一个放羊的小孩每天都在山坡上放羊，他穿得破破烂烂，但是每天都在山坡上叼着草，快乐地唱着牧歌。商人感到非常不解，便问小孩："你想过你的明天吗？你放羊是为了做什么呢？"

小孩高兴地说："我将这些羊养大之后就能够卖钱，我一直在攒钱。"

商人又问："攒钱做什么呢？"

小孩开心地答道："等我长大就可以用攒下的钱娶老婆。"

"那娶老婆为的是什么呢?"

"生小孩。"

"生了小孩你希望他做什么呢?"

"放羊。"

商人觉得这小孩真的非常可怜,他永远不知道外面的世界有多大,心中也只有这些。于是他对小孩说:"如此这样的循环,那么你会一直过着苦日子。"

没想到小孩却一点儿难过的表情都没有,他说:"可是我过得非常快乐。"听了小孩的话,商人陷入了沉思,他觉得自己已经找到了幸福的真谛。

生活是忙碌的,以至于我们只知寻找,却忘记了自己一直想找的目标是什么。就像商人一样,生活中的忧虑已经让他无暇顾及其他,在放下了一切之后才找到了自己一开始所追求的东西。幸福不是一道题,无须进行精密的计算,看得简单一些,少一些忧虑,幸福自然就会来敲门。

生活是自己的,不要在乎别人如何看待,否则就会给自己的心灵加上太多的负累。生活中,我们需要的也很简单,如果过分忧虑,我们就会觉得疲惫,难以支撑。

有一个年轻人,小时候学习很优秀,到了职场也是做得风生水起,但是他过得并不幸福。他希望做一个完美的人,但是生活总是不能如意,无论他怎么努力,公司仍然有人不喜欢他,虽然他尽可能做到完美,但是仍然不能和所有同事相处融洽。

年轻人怕自己一不小心就会让工作出现漏洞,被这些人算计,于是每

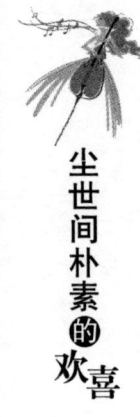

天过得都胆战心惊、小心翼翼。虽然他的工作成绩非常突出，但是他又怕这样会遭到同事的嫉恨，一直保持着紧绷的状态。终于有一天，他受不了了。长期这样的生活让他患上了严重的神经衰弱症。医生建议他先放下手头的工作，出去疗养一段时间，关于工作的一切都不要去想。

于是年轻人请了长假，收拾行李考虑着去哪里。他的妻子看到他连锅都放进行李中，就问他："你带锅做什么呢？"

年轻人说："不是所有地方都有干净的用餐环境，我必须提前考虑好，以备不时之需。"他的妻子深知他的脾气，于是没说什么，只是在他睡着以后偷偷将不必要的行李又拿了出来。

年轻人出发的时候发现行李少了很多，他非常焦躁，但是时间紧迫又要赶车，来不及重新收拾，他只好带着简单的行李出发了。临走时，他只来得及带上那口锅。

开始的时候，年轻人总是不能静下心来享受自己的假期，他每到一个地方总是因担心妻子而往家中打电话，或是给同事打电话问自己的工作。他完全没能享受假期，被忧虑所困的他决定提前回去工作。

在一个渡口，年轻人发现船夫正在树下闭目养神，便对船夫说："你不努力工作，到什么时候才能享受生活呢？"

船夫没有坐起来，只是睁开了眼，反问他："那你觉得我现在在做什么呢？"年轻人顿悟了。他看到船夫用疑惑的眼神看着自己手中的锅，才想起，这一路上他从来都没有用过这口锅。

生活从本质上来看很简单，有时候却因为我们想得过多而变得复杂。就像这个年轻人一样，什么都想做到完美，于是让自己越来越累，总是为了迎合别人而活，没有时间享受自己的幸福。生活需要奋斗，同时也需要享受，心态平和一点儿，要求低一点儿，也就能离幸福更近一点儿。

生活中，我们不妨做那个故事中的船夫，简单地生活，在奋斗之后也别忘了停下脚步享受生活。享受生活的时候就要全身心地放松，不要去忧虑那些看不到的未知。在生活的旅途上务必做到轻装上阵，只有这样才能有足够的空间承载幸福。

简单才能"减负"

简单不是对人生的退缩，不是清心寡欲，而是清醒中的深刻、明智中的理性，更是一种至纯至美的人生境界。

时下，有些人成天在喊"活得太累、太累！"何故？究其原因，这与他们把简单的问题搞得复杂了不无关系。"人"字一撇一捺够简单的了，但人是聪明又复杂的动物，做人并非易事。

"多长几个心眼儿，现在社会这么乱"、"出去别那么老实，净被别人占便宜"……诸如此类，是我们经常说的话。殊不知，这种复杂的思想只会徒增精神负担，这样的人不会活得轻松。

有这么一个故事。

有一个年轻人觉得生活很复杂，处处充满了钩心斗角、尔虞我诈。这令他每天都过得心惊胆战，时常觉得身心疲惫，于是他到山上拜佛烧香，礼佛完毕后与寺庙的方丈聊天，聊着聊着就说到了自己的烦恼。

方丈听完后捻须不语，只是微笑地看着他。

年轻人被方丈看得有些不知所措，心想方丈这是怎么了。

过了一会儿，方丈仍然微笑而视。

年轻人怔在那里，心想："方丈是不是在心底嘲笑我呢？笑我像小丑一样。"

时间一分一秒地过去，方丈始终都保持着笑而不语的样子。

年轻人再也按捺不住了，张口说道："你贵为佛家子弟，岂能这样看待别人？真是无理！"

话音刚落，方丈便哈哈大笑起来，说道："施主，以你看来我为何发笑？能否将你刚才心中所想一五一十地告诉贫僧？"

于是，年轻人如实相告。

方丈听完后说："我方才只是想起了以前一件有趣的事情，所以就笑了，和你并没有什么关系呀。但你却妄自猜测，认为我是在笑你，是你想太多了，你总是这样怎么会轻松呢？只会失去他人的好感与信任罢了。"

年轻人听了，恍然大悟。

在生活中，你是不是也经常像故事中的那个人一样把原本简单的事情看得太过复杂了，会因为别人的一句话、一个动作甚至一个眼神，就联想到别人是不是在嘲笑自己、算计自己呢？以这种想法度人，周围的人和事便都是复杂的，你最终在人情世故中作茧自缚，心岂会不劳累呢？！

我们对世界复杂，世界就对我们复杂。换一句话说：如果我们对自己简单一点，对别人简单一点，对周围的环境简单一点，那么别人也就会简单地对待我们，周围的环境也会简单许多，生活会变得更轻松一些。

用简单的眼光看待一切，说得容易做起来难。因为"聪明"的人变

"糊涂"不容易,但这并不是不能做到,只要我们能够时时让心静下来。心静安然,并持之以恒,就一定能把人生这篇大文章做得通俗易懂而又意味深长。

曾经读过一个小故事,真是让人醍醐灌顶、豁然开朗。

有一个外国商人辛辛苦苦地忙了大半辈子,终于挣足了钱过上了好日子,于是他坐船到西班牙海边的一个渔村度假,想静静地晒晒太阳,享受一下自然的美好,放松一下自己。

在码头上,他看见一个衣衫褴褛的渔夫从海里划着一艘小船靠岸,船上有好几尾大鱼。外国商人对渔夫能抓到这么好的鱼表示赞叹,问他:"您每天要花多少时间才能抓到这么多鱼?"

渔夫回答:"一会儿工夫就抓到了,不用费多大力气。"

商人说:"为什么你不再多抓一会儿呢?这样你就可以抓到更多的鱼了。"

渔夫不以为然地说:"这些鱼已经够我一家人一天的生活了,我为什么要抓那么多呢?而且我已经累了,需要休息,回去和孩子们玩一玩,再睡个午觉。黄昏的时候到村子里找几个朋友喝点酒,再弹会儿吉他。"

商人听了摇了摇头,并且帮他出主意:"我给你出一个主意让你可以挣大钱。你应该多花一些时间去抓鱼,然后攒钱买条大些的船,你就可以抓更多的鱼,再买渔船,到时候你就可以拥有一个渔船队。你直接把鱼卖给工厂,这样可以挣更多的钱,然后你还可以开一家罐头厂。这样你就可以离开渔村,到城市里去做有钱人。"

渔夫问:"达到这些目标需要花多少年的时间呢?"

商人说:"大概 15 年到 20 年吧。"

尘世间朴素的欢喜

"然后呢?"渔夫问。

商人说:"然后?然后你就会更加有钱,你可以挣好几个亿呢!"

"再然后呢?"

商人说:"那你就可以退休了,你可以每天睡到自然醒,然后出海抓几条鱼,捕鱼回来后和孩子们玩一玩,再睡个午觉。就像你说的,黄昏的时候到村子里找几个朋友喝点酒,再弹会儿吉他。"

渔夫听完,非常不解,他说:"难道我现在的生活不就是这个样子吗?为什么我还要绕那么大的弯子呢?更重要的是等我做够了那些事,赚到了足够的钱,也许我已经没有时间来晒太阳和听海了。"

商人最终无话可说。

商人劳累了一辈子,因为将简单的事情复杂化,结果转了一大圈依然没有从疲惫的怪圈中跳出来。而渔夫用简单的心态看待人生,却切切实实地享受到了商人一生为之努力的、安然幸福的生活。

由此可见,简单不是人生的退缩,不是清心寡欲,而是清醒中的深刻、明智中的理性,更是一种至纯至美的人生境界。这正如一位哲人所言:"生命如果以一种简单的方式来经历,连上帝都会嫉妒。"

简单一点才能"减负",简单点儿,再简单点儿,不用挖空心思去依附权势,不必去贪图名利富贵,用不着留意别人看你的眼神,不去计较那些不必要的复杂,该哭就哭,想笑就笑,简简单单地生活,势必能够收获一颗若莲素心。

简单就是快乐

生活简单，可以减少麻烦；心态简单，可以减少烦恼；思维简单，可以少走弯路；感情简单，可以保持单纯……

几年前，一股"乡村体验热"悄然在上海白领中流行起来，这些生活在快节奏中并领着高额薪水的白领们节假日到乡下体验生活。他们中有的人去当小学教师，有的人走上田地，有的人进入乡村工厂，每天吃着粗糙的食物，拿着微薄的薪水。

很多人不理解他们的做法，他们却说："从前，我们每天都在抱怨自己的工作，觉得人生太累，生活不自由，有了乡村体验后，我们才知道——原来我们一个月的工资，在有些地方需要付出一整年的劳动才能得到；原来我们所谓的烦恼，在繁重的劳动下根本不值一提；原来，快乐并不是出国旅游，而是每天工作后舒服地洗一个冷水澡。我们有过这样的经历，再回到大都市，就会觉得一切都是崭新的，甚至是一种享受。"

过惯都市生活的白领，突然想要去乡下体验生活。在那里，他们每天不穿着昂贵的衣服，不涂抹高级的化妆品和保养品，不坐在电脑前敲键盘，也不在办公室侃侃而谈；而是穿着粗布衣服，做着可以把手磨出老茧的粗活，领取微薄的薪水。一旦体会过最简朴的生活，重新看待身边的一切时，会发现一切都是新鲜的、有趣的，这是一种难能可贵的享受。

大城市的一些餐馆有一种"忆苦思甜饭"，很多人会去这样的餐馆品尝几十年前人们的家常菜肴。当他们吃着粗粮时，就会体会到平日吃不下去的饭菜是何等美味；当他们想起先辈们在艰苦的环境中生活时，就会明白平日的生活是如何舒服方便。每一次返璞归真，都能让人的心灵为之一震，当你明白自己拥有的已经足够多甚至更多时，你就会想要追求一种简朴的生活。

随着社会的发展，人们的压力越来越大，很自然地会将目光投向乡村，由此带动了一波又一波的旅游浪潮，也带动了乡村旅游业和产业链的发展。与此同时，人们却发现想要寻找的乡村生活已经变了味，昔日朴素的农民如今都有经济头脑，住在农家院还要被推销许多商品，人们哀叹为什么现代人越来越复杂。其实，想要寻找简单的生活并不难，不要去已经商业化的农村或旅游景点，可以去偏远的山村或人迹罕至的风景区，才能真正理解什么是生活的最初状态，什么是简单。

简单不是潦草，不是放弃追求，很多成功者谈到自己的经验，都会说到一个词：删繁就简。砍掉那些枝枝蔓蔓，不为琐事操心，省略掉不必要的过程，只盯住自己定下的目标，走一条最短的直线。他们把每天要做的事写在一张纸上，做完随手删掉，将效率提到最高。而生活上的简单，不是穿简朴的衣服，吃粗糙的饭食，在大都市的人这样做倒像是矫情。简单的生活是当你拥有一件衣服时，明白它的价值，发挥它的功用，不是将它压入箱底再去寻找更漂亮的衣服……简言之，简单在于心灵上的知足，在于能够对自己说："够了，我的生活很好，我非常满足。"简单是一种心态，能够带来积极生活的心态。

一个贫穷的农民正在做腊八粥，这时屋外出现三位老人，他们对农民说："我们的肚子很饿，可以给我们一碗粥吗？"农民是个善良的人，他客气地请老人们吃了饭。老人们吃饱喝足后对农民说："我们三个都是天上的神仙，你很善良，我们决定奖励你。我们三人一个代表财富，一个代表健康，一个代表快乐，你可以选择我们中的一个留在你家里。"

农民想了很久，最后说："比起健康和财富，我更想要简单快乐的生活。"三个老人笑着说："你的选择是最明智的，有了简单快乐的生活，才会有健康和财富，所以我们三个都会一直保佑你。"

穷人的想法很简单，他可能因为健康而失去过好日子的机会，也可能因财富而失去强壮的身体，还不如不论贫穷富有、疾病健康，都能保持一份快乐的心态。所以，他选择了简单快乐的生活。他没想到，健康和财富就跟随在这种选择之后。这个故事告诉我们，简单就是快乐。

人们都知道简单能够带来的益处：生活简单，可以减少麻烦；心态简单，可以减少烦恼；感情简单，可以保持单纯……但是，现实生活的种种诱惑让人们不愿简单，他们喜欢让问题复杂，让人际复杂，归根结底，他们不相信世间有"简单"，即使心中仍有单纯，也不愿意用自己的"简单"应对他人的"复杂"，因为那就意味着有失去利益的危险。以复杂的眼光看世界，世界只会越来越复杂。

也有人认为"简单"只存在于小孩子身上。其实，每个人都可以像小孩子一样快乐。在美国西部沙漠，很多退休的老人自发组织开车旅游，他们不远千里来到荒漠公路上，只为享受烈日、风沙，以及证明自己的快感。他们有的是富翁，有的是普通职员，坐在一起聚会时不知道彼此的身份，在聊天中交换共同心得——如何来到这里、走了多少弯路、沿途看到了什么风景等。他们的笑声中有发自内心的快乐。

在忙碌中，人们应该学着让自己简单，简单有一种安定的力量，简单

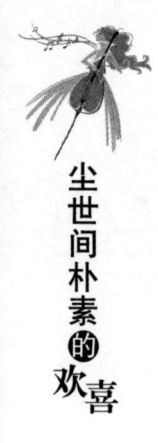

的衣食住行、简单的生活习惯、简单的娱乐……都能让人们找回生命最初的单纯，心灵就在这个回归过程中得到净化，变得坦率而开阔。

为心灵留一份孩童似的简单

把简单的事做复杂，太累；而把复杂的事做简单，是智慧。丰富多彩的生活中，应试图维持一份质朴，别让灵魂太疲惫。

两个僧人来到一座山上拜访一位隐士。他们看到那位隐士正在耕田，一个僧人说："我们特地来拜访您，因为您是一个有大智慧的人。我们都知道，您曾是宰相，在您仕途鼎盛的时候自愿离开朝廷来到这里隐居。我们想知道，是什么让您愿意过这么简朴的生活呢？"

隐士说："家财万贯，一日不过三餐；广厦万间，夜眠不过三尺。我有什么放不下的？如今我每日怡情养性、著书立说，过着逍遥的日子。"

隐士认为他简朴的生活逍遥快活，这就像很多发达国家都流行的"简单生活"：那些经济条件优越的人，原本能够过更时尚的生活，但他们情愿"简陋"一点，穿便宜却合身的衣服，吃不那么精细的粮食，出行乘坐公共交通工具……一来，这种生活出于他们的环保意识；二来，在简单的生活中，他们的心灵能够更加安定，更加知道自己追求什么。

有人追求奢华舒适的生活，把出有豪车入有豪宅，有下人照顾的生活当作幸福，但他们追求的并不是生命最本质的东西，那些豪华的事物蒙住了他们的眼睛，占据了他们大量的时间，于是他们也就腾不出手真正做点什么了。他们就像笼子里的鸟，只顾着每天的粮食和水，连唱歌都忘了，更不知道怎么去展开翅膀，这样做鸟还有什么意思？

现代人都会把时间一分为二，一部分用来工作，一部分用来生活。给生活的那部分时间，因为要面对太多的诱惑、繁杂的人际关系、太过庞大的信息量，以致没办法筛选，只能堆积在头脑里，正在想一件事，不经意又牵扯起第二件事，而后第三、第四……没完没了，简单也就成了一种奢望。也许我们应该看看小孩子的生活。

一位哲学教授在课堂上和学生们谈论"快乐"这个话题，学生们各抒己见，从古希腊的酒神祭说到了现代艺术，也没说出个所以然，快下课时，教授给学生们布置了一篇五千字的论文。

说来也巧，教授回家后，他八岁的女儿正在桌子上写一篇作文，题目是"快乐的一天"，只见她写道："星期天，爸爸妈妈带我去动物园玩，我看到了猴子和老虎，它们真可爱。妈妈给我买了一块蛋糕。晚上我们一家人一起在阳台上烤肉，然后妈妈让我去睡觉。我高兴极了，真是快乐的一天！"

第二天，教授把女儿的作文带到课堂，对同学们说："昨天我们讨论了一个半小时，你们每个人需要用五千字都未必能写明白的东西，我的女儿用不到一百字就写得明明白白！"

如果一个人的心性像小孩子一样单纯，那么他们就很容易因简单的事快乐。其实，快乐是世界上最简单的东西，看到一朵花开了，你笑了，这就是快乐。但对于那些心思复杂的人来说，他们眼睛里看到的花,或者直接折算成价格,或者开始推测花主人的状况,或者掂量花朵有没有毒,他们从不把一件简单的事看得简单,也只能感叹:"复杂,真复杂。"

究竟是什么让我们的生活变得那么复杂,让我们的心灵远离纯粹简单呢?这缘于我们过多的思虑。面对人的时候,我们想的是人心复杂;面对事的时候,我们想的是详尽周到。其实不是所有人都复杂,除却一部分与你有利益冲突的人,谁没事会让自己对你复杂?谁不想活得轻松?除了那些事业上的困难和生活中的重大抉择,哪有那么多复杂的事?都是被你想得太复杂了,明明是一加一等于二,你偏要弄成哥德巴赫猜想。

把简单的事做复杂,太累;而把复杂的事做简单,是智慧。有慧心的人即使在忙碌的环境中也会化繁为简,追求一份简单的心态。在丰富多彩的生活中,应试图维持一份质朴,不让灵魂疲惫。为自己的心灵留一份孩童似的简单,相信那些你愿意相信的事,欣赏那些打动你的事物,把自己的心灵始终放在一个单纯美好的氛围中,就永远不会迷失自我。

劳逸结合,让心灵得到放松

在保证工作的同时,一定要注意为自己减压,让自己得到休息。人只有在宽松的状态下,才能保持长久的活力。

奥地利动物行为学家劳伦兹曾讲过这样一件事。

劳伦兹喜欢养小动物，观察动物的一举一动，还曾经用大鱼缸制作了一个水族箱，通过石头、沙、水草、鱼、螺蛳、微生物等数量的均衡，达到水族箱这个生态系统的自给自足。这个水族箱非常美丽，所有生物都能有条不紊地生长。

有一天，劳伦兹在水族箱里放进了一条金鱼，他原本以为这条漂亮的鱼可以使水族箱更有生气，没想到，一条金鱼的加入使水族箱中的生物平衡被打破，里边的动物接二连三地死去，水族箱里的水逐渐变臭、变黑，最后变成装满尸体的死水。劳伦兹没想到，一条鱼竟然导致整个生态系统被毁灭。

劳伦兹用水族箱模拟了一个小小的生态系统，里面的每一条鱼、每一根水草、每一个生物都是恒定的，它们共同维持着水族箱的生态平衡。这种平衡能够保持，水族箱中的生物就能正常地生老病死，一旦平衡被打破，哪怕只是加入一条小鱼，都可能拖垮整个系统，让原本热闹的水族箱变成地狱。

人的身体也是一个小型生态系统，各个细胞、神经、器官之间相互协作，构成一个有机整体，一个细胞的病变很可能引起整个机体的疾病。现代医学发达，很多疾病能够治愈，但有一种疾病却会常年影响人的身体和精神，它没有特别的征兆，也没有明显的发病表现，却会使人的免疫力整体下降，使人的抗病能力越来越低，这种称不上疾病的疾病就是疲劳。

疲劳又分肉体疲劳和精神疲劳。高强度工作或运动会导致肉体疲劳，纷杂的生活烦恼和沉重的生存压力则会引起精神疲劳。肉体疲劳是疾病的前兆，精神疲劳会导致人萎靡。当两者交替作用在人身上时，会产生劳

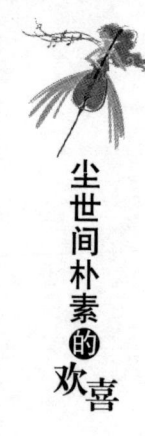

累、力不从心、注意力无法集中、失眠、健忘、易生病等多种症状——如果我们不注意自己的身心健康，将导致整个身体发生病变，引起衰老甚至死亡。

一场大病使史蒂文森先生住院三个月，出院后，他减少了加班，从前即使到了双休日，他也会做空中飞人，去各个城市和厂商们谈生意，现在每到休息日，他就会拿起高尔夫球杆去健身俱乐部运动，笑称自己是准奥运选手。

一次，他的合作对象希望他在周日参加一个融资会议，史蒂文森先生拒绝了这个提议，合作对象说："你现在正值壮年，应该多赚点钱，你耽误一天，就可能错过十万美金的生意。"

史蒂文森先生幽默地说："我每个月多工作四天，多赚40万美金，可是为此要减少四年寿命，我认为后者损失更大！"

一场大病使忙碌的史蒂文森先生改变了自己的生活态度。从前的他即使在休息日也会去各个城市谈生意，不肯浪费任何时间。而现在每到休息日，他都会放下工作去健身。史蒂文森先生认为生命的损失才是最大的损失，于是他学会理智地处理工作与休息的关系——生活的状态只能靠自己调整，健康是最应该关注的事，金钱如果够花，就不要太拼命。

越来越多的人抱怨自己年纪轻轻就感到心力不足，而导致我们身心出现问题的其实是忙碌的生活。现代生活节奏越来越快，过去需要一个月才能到达的国家，现在只要坐几小时的飞机就能到达；过去需要做几个小时的饭菜，现在只需要用微波炉热几分钟就能完成……人们似乎应该越来越轻松，而实际情况却是我们也被带动得越来越忙，每天急急忙忙地赶车、赶进度、赶时间，恨不得一天有 48 小时供自己超速奔跑。超速奔跑的列车会出故障、会脱轨，高速奔跑的人一旦超越身体承受极限，极有可能出现"过劳死"。

不难发现，在我们身边，工作狂越来越多，为了奖金加班加点，熬夜早起成了家常便饭，或者因为工作繁重，无暇休息，将早就计划好的放松身心的假期一拖再拖。没日没夜的工作带来的是健康告急。当所有的时间被忙碌占据，心情也随之低落，精神出现萎靡。古语说："一张一弛，文武之道。"在保证工作的同时，一定要注意为自己减压，让自己得到休息，只有在宽松的状态下，人才能保持长久的活力。

第二次世界大战期间，英国首相丘吉尔有一个习惯，不管多忙，每天都要午睡 15 分钟，养精蓄锐，放松身心。人们常把精力旺盛、做出很多伟业的人称为巨人，惊讶于他们没有尽头的精力。事实上，没有人是钢铁巨人，那些被称为巨人的人往往比别人更懂得爱惜自己，他们想方设法保持自己的活力，以应付更多的挑战。我们也一样，想要做一个有长久影响力的巨人，首先要让自己活得长久、工作得长久，在忙碌的日子里不要过分逼迫自己，而是要告诉自己：这个时代很累，你要懂得爱惜自己。

放慢脚步，用心领略世界的美丽

一个人如果能常常提醒自己慢下来，就能多一些时光享受这美丽的世界。慢一点儿并不是停滞，只是让脚步更加舒缓，让目光更加柔和，让心灵更加豁达。

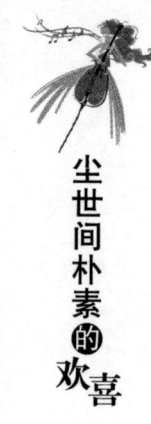

尘世间朴素的欢喜

有一个木制车轮被人砍下一个角,从此成了废物,再也不能使用。车轮很伤心,它决定找一块合适的木块来填补自己,使自己重新变得完整、有用处,于是它开始长途跋涉。

它走得很慢,一路上看到了美丽的草原、鲜艳的花朵,还有各种各样的动物。累了,它就在柔软的草地上打个盹儿,听着风和小鸟的歌声,觉得心中十分安宁。

终于有一天,它找到了合适的木片,又变成了一个有用的车轮。它再次被装到车上时,它发现自己只顾着向前滚动,再也看不到美丽的风景,再也听不到动人的歌声了。它觉得很痛苦,终于领悟到:原来残缺也有残缺的好处,一旦走得太快,就会错过很多东西。

常听人感慨世事难两全,但不能两全也许并不是一件坏事,残缺的部分有时能给人带来惊喜。就像故事中残缺的车轮在一番旅程后突然明白,当一个人太过圆满、太过急切时,就会错过很多美好的东西。生命的意义不是不停地赶路,有时步调需要慢一点儿,眼光不要只盯着前方不放,这样才能更好地欣赏大千世界。

一个人如果能以欣赏的眼光看待周围的一切,即使他不富有、不特殊、不引人注意,也会有一份他人比不上的充实心态。人生的富足不在于拥有和索取,而在于你的心灵发现了什么。凡事如果囫囵吞枣,就没了滋味。人要想拥有一双发现的眼睛,就要学会放慢步调,仔细观察周围的事物,用心体会周遭的每一个细节。当你能够做到用心灵体会周围的事物时,你便拥有了一颗禅心。

我们处在一个忙碌的时代,身心每一天都在高速运转,大街上终日都有匆匆忙忙的身影。人们为了生计奔波，在这样的情况下谈参禅，何其不易。但也正因如此，心灵才更需要禅来舒缓。我们的心就像一块柔软的布，被现实浸透挤压，皱皱巴巴，沾上了各种泥浆，越来越硬。我们需要清风舒展它，需要细雨洗涤它。亲近自然、领悟禅意，就是心灵的清风细雨。

格林先生是个忙碌的英国人，他每天都在为工作奔走，连周六、周日也得不到休息。这一天，格林先生联系了一个位于偏远牧场的厂商，于是开着自己的车去签合同。归途中，汽车抛锚，他打电话给汽车公司，汽车公司的人向他道歉，说要半天以后才能来拖车。格林先生自认倒霉，只好给自己的妻子打个电话，妻子说："既然晚上车才能回来，这个时间你不妨下车散散步，看看景色。"

格林先生本想在天黑前回到公司交差，现在他知道交差无望，索性下了车，走向田野。此时是秋天，金黄色的野草在阳光下蔓延，有三三两两的牛羊在吃草。眼前的美景让格林先生忘记了所有的郁闷。更让他奇怪的是，他明明经常看到这样的景色，为什么今天觉得这景色格外入眼呢？

格林先生一直逛到天黑。回家后，他对妻子说起今日的经历，妻子说："太忙碌就会忘记身边的风景。看来，我们应该经常去野外游玩，陶冶我们的身心。"

人们常说活得累，并不是因为生活本身劳累，而是因为他们不肯停下来休息。故事里的格林先生因为一次车的意外抛锚，看到了那些被他忽略已久的风景。一个人如果能常常提醒自己慢下来，就能多一些时光享受这美丽的世界。慢一点儿并不是停滞，只是让脚步更加舒缓，让目光更加柔和，让心灵更加豁达。

万物都是美丽的，特别是置身自然之中时，绿色的树木能够舒缓你的双眼，清新的花香能够拯救你被人工香料"荼毒"已久的鼻子，广阔的天地能让你舒展被格子间束缚的四肢……人类是自然的一部分，只有在亲近自然的时候，你才能找回生命最初的宁静，才会明白自己的渺小，察觉自己的幸福，懂得什么是满足。

回归自然，体味生命本源的灵性。最简单的东西最能让人心情放松，也最有价值。多多体会简单的东西，那些能给你满足的事物就在你的身边：美丽的风景不应该只是一种摆设；心中的事业也不该是折磨人的重担；随着岁月增长的不是年龄，而是更多欢乐的机会、更加丰富的见闻、更为平和的心境。记得生命最初的那份平和与透彻，不论顺境逆境，都能自得其乐、笑对人生。

把握当下，就是把握未来

当下的美好能抹平过去的伤口，当下的努力能延续过去的辉煌。不论过去是喜是悲，重视当下是对过去最好的交代，没有当下就没有未来。

一个渔夫在海里捕鱼，连续几天都没有收获，终于在回航的时候他用网捕到了一条小鱼。网里的小鱼苦苦哀求渔夫："我的年纪还小，还没有长成大鱼，还有很多想要去经历的事。如果你愿意放了我，等再过几年，等我长成大鱼，我一定会主动来找你，到时候任你处置。"

渔夫说:"我也几天没有吃东西了,如果我不能及时得到食物,几年后我就成了一堆白骨,你又去哪里找我呢?人不会为了没有希望的机会而抛弃现在的利益。"说着,渔夫收了网,将小鱼捞了上来。

天真的小鱼希望渔夫给它几年自由的时间,却忘记聪明人都知道"当下"的重要,比起空头支票,眼前的利益才最需要把握的,没有眼前,何谈未来?人们追求的都是实实在在的东西,虚无缥缈只适合那些空想主义者,而且所有人都知道空想主义者最不济事。

人们看重当下,因为昨日已经过去,无法追回,过往的欢乐与泪水都已经成为回忆,可以珍惜,但不必迷恋;明日还未到来,即使有雄心壮志也尚在孕育之中,还没能被我们掌握。我们能够得到的只有今天,能够改变的只有当下,能够争取的也只有眼前的每一分、每一秒。

没有当下就是轻视过去。当下的美好能抹平过去的伤口,当下的努力能延续过去的辉煌,不论过去是喜是悲,重视当下是对过去最好的交代,没有当下就没有未来。如果没有今日的积累,就没有明日的成就,没有今日的忍耐,就没有明日的壮大……一个人只有把握住当下的时光,才算能够把握自己的人生。

很久以前,一片田野上有两条小河,它们灌溉着东西两边的土地,使那里的人们安居乐业,安定地生活着。人们将这两条小河尊称为"母亲河"。

日子久了,一条小河开始不满足目前的生活,它说:"我们的生活真没意思,每天都流淌在这个偏僻的村庄,不知道外面的世界究竟是什么样子,难道你不想出去看看吗?"

另一条小河说:"做什么事都不能好高骛远,我们现在滋润着一方土地,养活了一方百姓,这不是很好的生活吗,为什么非要出去呢?"可惜它的劝告没什么效果,那条小河冒冒失失地冲向远方,再也看不到了。

很多年后,留在原地的小河听到了出走的小河的消息,它进了沙漠,但最终干涸。因为它的离开,东边的土地不再肥沃,人们只好迁到西边,并拓宽了河道,让西边的小河更加宽阔了。西边的小河叹息道:"有追求是好事,但是做好眼前的事不是更重要吗?每天看着劳作的男人、织布做饭的女人,还有那些快乐的孩子,不就是最好的事吗?"

"当下"不仅仅是时间概念,还代表了一种生活状态,包括你的心态、你所处的环境、你身边的人,以及他们对你的态度,所有这些因素加起来就是完整的"当下"。"当下"常常不能让人满意,亟待改变,但有些人不是以当下为基础让自己变得更好,而是好高骛远,就像那条冲进沙漠最终干涸的小河,不能好好地把握当下,就会损失未来。

什么是真正的拥有?镜中花、水中月虽然美好,却不能握在手中,只能给你一时的视觉刺激,很快就会消失无踪。世间有很多事都如镜花水月,你如果过于留恋这种虚幻的假象,就会浪费最珍贵也最实际的"当下",一旦"当下"成为过去,你就会发现自己两手空空。

心系当下,由此安详。智者之所以被人称道,是因为他们能够看透什么是真正的"当下"。那些虚幻的事物并不能当作寄托,"当下"是实实在在的境遇与勤勤恳恳的努力。接受"当下"也许不困难,把握"当下"却要有强大的意志力。"当下"不能用来沉湎,而是应该奋斗。"当下"是一种"因",你想要什么样的"果",就必须握住当下的时光,努力耕耘,期待收获。

没有人愿意欣赏你抑郁的脸

抑郁的人像个债权人，好像全世界都欠了他似的。而对于周围的人来说，他们并不喜欢身边有个债主，而更希望身边有个满脸微笑的人，让他们能够放松。

布兰达是巴黎话剧团的知名喜剧演员，他在十几岁的时候就能将莫里哀的著名喜剧表演得出神入化，令观众捧腹大笑。在日常生活中，他同样是一个幽默开朗的人。

记者在参观他的房间时发现，布兰达的盥洗镜旁放了一张与镜子等大的照片，照片上的布兰达一脸郁闷。布兰达说："每天起床我都会先看一眼这张照片，告诉自己'没有人愿意欣赏你抑郁的脸'，再照镜子的时候，我就会努力让自己开朗一点，充满朝气，这样别人才能知道我是个快乐的人，而不是个倒霉蛋。"

人们常说，"人生如戏"。多数人的人生是一部正剧，悲喜交加，苦辣参半；部分人的人生是一部悲剧，作茧自缚，惨淡收场；只有极少数人将自己当作喜剧，他们很少会悲观绝望，总是愿意相信未来，相信幸福是人生的本质。即使生活平淡，他们也会用笑脸来装点，愉悦自己、鼓励他人，就像故事中的喜剧演员布兰达一样，每天都对自己说："没有人愿意欣赏你抑郁的脸。"的确，一张面带微笑的脸，比一张写满失落、不满、

悲观的脸更受人欢迎。

抑郁是常有的情绪，人们常常因某些原因而心灰意懒，做什么事都提不起劲，一旦严重还会发展为抑郁症，需要药物治疗和心理调节。抑郁的人容易食欲不振，睡眠质量减退，思考事情时难以集中精力，缺乏行动力和自我调节能力，这些都极大地影响了他们的正常生活。患上抑郁症，就像心灵被绑住了链条，做什么事都觉得有压力。

现代医学研究发现，很多疾病都与人的心情状态有密切关系，当一个人长期处于情绪低落状态、生活在抑郁的情绪中时，就很容易生病。这就是为什么当医生发现一个病人的病情很严重时，选择部分隐瞒，只为病人有一个轻松的心态，有利于控制病情。因为医生明白心情虽然不能决定病情的好坏，却有很大的暗示作用，有时甚至会直接影响治疗效果。

张杰是上海一家IT公司的优秀销售员，最近刚刚辞掉工作，他说他需要一段时间去仔细思考自己的人生。

他每天在车站和车站之间奔波，不断对客户施展三寸不烂之舌，思考对手公司的策略，签下合同，刚松一口气，又要忙下一个单子。女朋友抱怨他只顾工作，他只能低声下气地道歉。如今他的事业有了起色，不少公司都对他抛出橄榄枝，猎头们争相给他打电话，他却被日复一日的重压弄得萎靡不振。

当初毕业的时候，张杰认为凭借自己优秀的能力，一定会有一番辉煌成就。三年后的今天，张杰第一次认为自己应该重新规划人生，他想生活在更充实的氛围中，而不是睁开眼就面对一连串的抑郁。

法国作家大仲马说，人生就是由烦恼组成的一串念珠。就像上面事例中的张杰一样，现代人经常为生活中的琐事烦恼，佛家规定念珠有108颗，人生的烦恼远比108要多得多，人们数一遍，还要数第二遍，第三遍，难怪像张杰这样的人会陷入忧愁。他们认为人生只有烦恼，为生活烦恼、为事业烦恼、为恋爱烦恼……他们看到了念珠数目繁多，却没看到这些珠子能够被心志磨砺得圆润光滑，很容易就从眼前手间溜过。

抑郁还有另一个说法："自己和自己过不去。"喜欢为难自己的人总有办法把生活变得复杂，把困难扩大，把失望加深，这种负面的心理暗示会让一个人的情绪越来越不稳定，也会影响周围的人，让其他人也跟着厌烦，跟着纠结，甚至跟着绝望。人们有时候会说某个人："那个人整天拉着脸，像谁欠了他几百万。"抑郁的人像个债权人，好像全世界都亏欠他，而对于周围的人来说，他们并不喜欢身边有个债主，而更希望身边有个满脸微笑的人，让他们能够放松，不必整天小心翼翼，害怕产生矛盾。

其实所有的抑郁都因为"想不开"，抑郁的人让思维钻进牛角尖，看不到事情的全貌，不去想如何把事情变得简单，他们不明白失望里也有希望。他们不会努力发掘事情积极的一面，当然也就看不到问题解决的可能。有时候他们甚至会把正常的事看作烦恼的来源。比如，当大家都在为工作奔波时，抑郁的人认为工作是种压迫，限制了自己的才能，掠夺了自己的劳动力，而当他们苦苦思索如何摆脱这种压迫时，那些积极努力的人已经升职加薪了，把工作变成了事业。由此看来，抑郁百害而无一利。

一位社会学家曾经对长寿问题进行调查，他发现性格是否开朗与寿命的长短有直接关系。调查结果显示，长寿老人中有80%以上性格乐观，很少有孤僻者。的确，在公园里看到的那些长寿老人，养鸟钓鱼，喝茶下

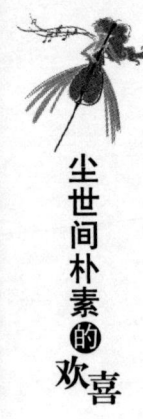

棋，练气功，排舞蹈，每个人都有张怡然自得的笑脸。他们的人生也许并不顺心，但他们懂得，比起一个人坐在昏暗的屋子里发愁，尽情享受有限的生命才是人生的真谛。

第三章　心宽，接受越多快乐越多

心宽者有一颗平常心，遇成败不骄不躁，遇不平不愠不恼，凡事不生气，不抱怨，不忧虑，不冲动，不纠结。

心宽者足够淡定，能看淡名和利、成与败、得与失，因此他们的心胸将更加宽博，更能上升为一种境界。

心宽者有容人之量，不但有远见，更能比人看得透彻，当他们戒除一切骄躁，从容淡定地品尝生活时，就成了智者。

心宽一点儿，便能平和一点儿

愤怒不仅仅是情绪上的发泄，更是让人的心灵变得丑恶的罪魁祸首。愤怒不但会让人自乱阵脚，而且会让人滋生仇恨。

有时候，因为愤怒，一切理智都将燃烧殆尽，人们一旦失去了理性的判断，就只会走向危机。反过来说，如果你能够克制住情绪不愤怒，那么就能够保持理性的思维，就可能避免危机和绝境。

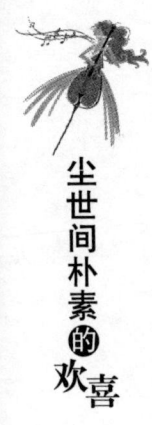

愤怒于我们百害而无一利，它对我们改变自己的困境和现状没有任何实质性的帮助，还有可能因为愤怒产生的慌乱而造成不可弥补的错误。我们唯有保持平和的心，控制自己的情绪不愤怒，才能进行客观而理性的思考。

春秋时期，郑国的国君郑庄公虽然身为君主，却不被自己的母亲喜欢和看重。原来，他的母亲在生他的时候遇到难产，差一点儿丢了性命，为此她一直认为他是个不祥之人。

郑庄公有一个弟弟叫共叔段，非常受母亲的宠爱，母亲还试图劝说郑庄公的父亲把王位传给他。最后，虽然她的劝说没能成功，但她仍然十分袒护小儿子，想尽办法为小儿子谋取权力和地盘，甚至还要求郑庄公把都城一半的土地分给共叔段。对于一个君王来说，怎么能容忍这样无理的要求呢？但郑庄公没有一点儿愤怒，答应了这个要求。

在许多人看来，郑庄公对此应该愤怒，也有权愤怒。同是母亲的儿子，自己却没有感受过丝毫的母爱，还受到这样的排斥。他有理由愤怒，愤怒自己的母亲帮着弟弟滋生谋反忤逆之心，但是他保持着自己的理智，决定不动声色。然而，他的处处妥协不但没有换来母亲的不忍，反而使她更加张狂地帮助共叔段扩张权力。

当朝臣子有的实在是看不下去了，便劝郑庄公讨伐共叔段，但他只说了一句话："多行不义必自毙，子姑待之。"原来，郑庄公一直在暗中做着准备，他明白，如果自己公然讨伐弟弟，很可能落人话柄，认为自己是不仁不义之人，而讨伐自己的弟弟则必定会涉及自己的母亲，这样他又会成为一个不忠不孝之人。所以他要等一个名正言顺的理由。

终于，在他母亲和弟弟意图谋权篡位的阴谋显现之时，郑庄公一举讨伐，拿下了共叔段。

愤怒不能改变任何既定的事实，如果这个事实让人愤怒，那么就要学会平复心中的愤怒，因为愤怒不能帮你找到任何解决的方法。比如，人们常常因为误会而感觉到愤怒，其实只要将心放宽一些，让心变得平和一些，自然就能解开心结，不会因为愤怒而做出错误的行为。

西晋司马炎当朝时期，有一位战功显赫的将军叫石苞。历朝历代，手握兵权的将军都有着非常重要的地位，也非常容易招致君主的怀疑，石苞正处于这样的位置。当时天下并未统一，吴国也占有一席之地，经常进犯西晋。石苞作为当朝大将，为了防止吴国进犯，常年驻守边防。

正所谓山高皇帝远，更何况石苞手握兵权，这就给了小人以可乘之机，那些妒忌石苞的人便开始在他背后污蔑诋毁。其中一人就是王琛，他对司马炎说石苞怀有二心，有谋反的意图。恰逢这时，信奉风水的司马炎听到一名风水师的预测，说边防之地将有大将谋反，如此一来，他便开始怀疑石苞。虽然石苞历来是个靠得住的人，但处在君主的位置上，他不得不防。

没多久，司马炎得到吴国将大举进犯的消息，此时石苞派出的探子也给他带回了同样的信息，于是他把全部心思都放在了部署备战上。

没想到他的这一举动更增加了司马炎的怀疑，因为敌人来犯的消息还不曾传出，而石苞此时部署备战岂不是为谋反做准备？于是司马炎集合了自己的军队前去征讨。一心为国却遭到君主怀疑的石苞遇到这样的情景理应愤怒。但是他的理智战胜了愤怒，他平复了自己的心，然后放下武器，独自出城，没有任何反抗，也没有任何反驳。

司马炎并不是一个昏君，他在得知此事后进行了一番思考，原本石苞

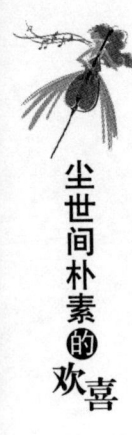

谋反就只是一个传言,但如果他真的要谋反,又怎会不战而降呢?而且直到最后,吴国的援军也没有赶到。如此思考过后,司马炎终于解除了对石苞的误解。

其实,石苞当时手握重兵,一旦被谋反的罪名激怒,完全是有能力将误解变成现实的,但是他没有这样做。因为他及时平息了心中的愤怒,所以才能进行理智的思考,最终找到证实自己清白的办法。

愤怒足以燃烧一切,愤怒是一把自我毁灭的大火。只有看清了形势,才能找到解决的方法,要想做到不怒不乱,就要平复心中的怒火,心宽一点儿,便能平和一点儿,便能抑制住自己心中的愤怒,让头脑一直保持清醒与理智。

心胸豁达了,自然就平和了

每个人都有喜怒哀乐,有时会开心、有时会愤怒,这些都是正常的现象,但是如果一味地沉浸在负面情绪中不能自拔的话,就会扰乱自己的心。

有的时候,人们难免会在消极的情绪中迷失,因为一时的情绪失控很有可能影响到人们的思维和理性,最终沉溺其中难以自拔,心灵也往往在这些消极的情绪中迷失了。于是,我们伤心、愤怒,以至于找不到心灵的路标,感到疲惫不堪、无所适从。其实,一切皆因我们不能将心放宽。

有一条美丽的小鱼在它很小的时候就被渔夫捕到了。渔夫看它长得很可爱，便当作生日礼物送给了邻居家的小女孩。小女孩从此有了玩伴，她小心翼翼地把小鱼放在一个精致的鱼缸里养了起来，整天与小鱼朝夕相处。然而，小鱼并不快乐，因为这个鱼缸太小了，游来游去就会碰到鱼缸的内壁，这时小鱼就会十分不悦地甩一甩尾巴躲开了。

小鱼越长越大，也变得越来越漂亮，小女孩就更喜欢它了，可是这个鱼缸对它来说就显得更小了，甚至连转个身都很困难，小鱼就更加烦闷了，甚至连动一下身子都不愿意。小女孩似乎看出了小鱼的心事，有一天她将它从水里捞出来，放到了一个更大的鱼缸里。

小鱼终于又能游动身体了。可没过几天，它发现自己仍然游不了几下就会碰到内壁。当它碰到内壁的时候，又会心情不爽。它实在讨厌极了这种转圈圈的生活，索性悬浮在水中，一动不动，也不进食，一心求死。

女孩看到小鱼这个样子心里非常着急，便把它放回了大海。它在海中不停地游着，可心中依然快乐不起来。一天，它游着游着，碰到了另外一条鱼，那条鱼问它："你看起来闷闷不乐的样子，难道在这无边无际的大海里生活得不够自由吗？"它叹了口气说："唉！这个鱼缸太大了，我怎么也游不到边上了！"

在鱼缸里待久了的小鱼，它的心变得跟鱼缸一样小，因此不敢有所突破。等到有一天，到了更为广阔的空间，它已变得狭小的心反倒无所适从了。其实，心有多大，世界就有多大，如果不能打破心中的壁垒，即使身在海洋，你也找不到自由的感觉。

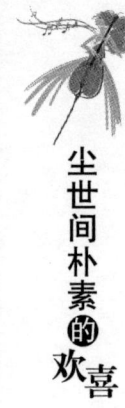

苏轼的友人在家里养了一名歌女,唤作柔奴。这名歌女不但能歌善舞、面容姣好,而且十分伶俐。有一年,苏轼的友人一家因为迁官要去岭南,柔奴也跟随去了。几年之后,友人迁回故乡,柔奴也跟了回来。

一次,苏轼拜访友人,见到柔奴便问她:"岭南的风土应该很不好,姑娘跟着受了不少委屈吧!"不料柔奴却莞尔一笑,答道:"此心安处,便是吾乡。"苏轼听了,心里大有所感,随即作了一首词,这首词的后半阕是:"万里归来颜愈少,微笑,笑时犹带岭梅香。试问岭南应不好?却道:此心安处是吾乡。"

在苏轼看来,荒凉偏远的岭南不是一个好地方,柔奴却能把它当成故乡安然处之,不气愤、不懊恼、不埋怨。大概也正是因为这个原因,从荒凉地方回来的柔奴看上去似乎比以前更加年轻了,笑容也像是带着岭南梅花的馨香一样,这便是因为随遇而安,为迷失的心灵找到了一个落脚的地方。

心灵需要一个港湾,需要一个家,唯有心静如水,才能够给自己的心灵找到一个港湾。每个人都有自己的价值,如果太在意那些外在因素,往往就看不清眼前的一切,包括自己的价值。如果心态能够平和一些,找到自己的价值,就能创造出一片属于自己的天地,才能让迷失的心灵找到归途。

现实生活中,有的时候人们会自寻烦恼,常常无法面对自己不能胜任的事情,并沉浸在消极颓废的情绪中。殊不知,这样一来,往往也就忽略了自己本身的优点。心情也是一样,如果总把眼睛盯在那些消极和不完满的方面,那么你就永远无法快乐起来,这并不是因为没有能让你快乐的东西,而是你把快乐忽略了。

每个人都有喜怒哀乐，有时会开心、有时会愤怒，这些都是正常的现象，但是如果一味地沉浸在坏情绪中不能自拔的话，就会扰乱自己的心，心不平，就难以自制，也就迷失了方向。

日常生活中，我们不妨学会调整自己的情绪，要想做到不生气，就要有平和的心态，若想培养平和的心态，就要放宽自己的心胸。心胸豁达了，心自然就平和了，也就能够让迷失的心早日回家。

接受的越多，智慧就越多

生活应该是对他人的担待，而不是揪着他人的错误不放。

北宋词人苏东坡是性情中人，他有个朋友是个和尚，法号佛印。东坡和佛印经常斗嘴，留下了不少充满玄机的笑话。

有一天，苏东坡对佛印说："在你心中，我看起来像什么？"佛印说："像一尊佛。"

佛印又问苏东坡："那在你心中，我像什么？"苏东坡看着佛印的佛袍说："一坨屎。"

见佛印不说话，苏东坡自以为得到胜利，回到家兴冲冲地将这件事告诉苏小妹。苏小妹说："哥哥，你输给佛印了。佛印心中有佛，看所有人都像佛。你看他像一坨屎，你说你心里装的是什么？"东坡听了，大感惭愧。

在生活中，我们每天都会接触很多人，如何看待他人，既考验一个人的眼光，也考验一个人的胸怀。你愿意相信他人是好的，他人做的事就是出于好意，就像佛印看苏东坡；但若你认为他人心机狡诈、别有用心，那么就像苏东坡看佛印，处处都是屎，臭不可闻。

现代人希望别人对自己高看一眼，自己却常常把别人看得很低，发现人家一个缺点、一个错误，就以偏概全，断定这个人不怎么样——他们看人的眼光，就是挑刺和找碴儿。挑出别人的不好，是为了证明自己的好，以此来显示自己的优越感。而这样的人得到的不是别人的青睐，而是一句"自己不怎么样还总看不起别人"。

古代君子的修为，修的是"严于律己，宽以待人"。可从古至今，多数人在行事时都把这句话颠倒过来，对自己的缺点视而不见，对他人的缺点却无限放大。这样的人与人相处，无法体谅他人，只会"爱护"自己，身边的人大度的久了会心冷，小气的会与他争执计较，两个人从此纷争不断。这样的人不论生活还是事业，都会遇到很大的阻力，甚至觉得事事不顺。这也难怪，你对别人苛刻，人家怎会对你宽容？

寺庙里的和尚多了，难免也有些事端产生，有时候需要方丈亲自调停，有时需要辈分高一点的僧人出面。年轻和尚们尚不能摆脱世俗气，有人脾气急、有人懦弱、有人仗义，争吵也就不可避免。其中有一个小和尚脾气特别急躁，不但经常和师兄弟吵架，还经常与香客争吵。

争吵一般是这样产生的：有人向他倾诉心头的烦恼，例如，有人因背着妻子交往了另一个女人而感到内疚；有人因对竞争对手使用阴暗手段感到后悔；有人因花了父母很多钱又没有收获觉得自己没用……这时候，小和尚就会大发雷霆，猛烈地指责这些香客。过后，资历深一点的和尚去和香客谈话，年老的和尚就会说小和尚："世界上没有十全十美的人，难得的是他们还有良心，还肯向善，所以才会出现在这里。你这么急躁，哪里有出家人的智慧？真不像话！"

小和尚认为犯错的人就该被激烈指责，他看不到那些人心中的愧疚，体会不到那些人需要的是一个改过自新的机会，不明白那些人最需要的是有人给他们指明方向。所以，老和尚才会说小和尚没有智慧。

在生活中也是如此，人心换人心，设身处地体谅对方，才能全面地了解别人。每个人都有难处，都有弱点，他们犯错误的地方，也许恰好是你做得出色的地方，但你无须为此沾沾自喜，因为在别的方面你未必比他们优秀。所以，面对他人的错误，要以宽容的眼光来看待。

生活应该是对他人的担待，而不是揪着他人的错误不放。有些时候你认为他人得罪你，那么你有没有想过别人也许是无心的？例如，有人说了一句："不喜欢胖人穿得太紧身。"可能只是看到什么东西有感而发，如果硬要揽到自己身上，一来你未必有那么胖；二来你一生气，对对方的态度自然不好，对方莫名其妙地被你冷落或回击，对你的印象从此也大打折扣。因一句无心的话与人结梁子，这是人际关系的大忌。

有一个词叫"海涵"。海纳百川，有容乃大，这是真正的胸襟。海涵就是以平和、博大的心态看待世间的一切，你接受的越多，智慧也就越多。对待他人的时候，要摒弃求全责备的呵责、矫揉造作的要求、假惺惺的热情和问候，这都会让你显得肤浅，那就看一看大海如何对待江河吧，不论大小，它都会一视同仁予以接纳：对于他人，是一种尊重；对于自己，是一种成就。

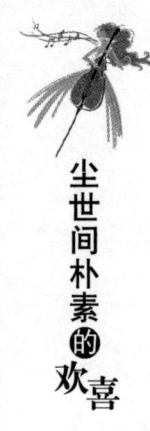

尘世间朴素的欢喜

只有容得下，才能样样皆有

宽容是一种能力，如果我们有着海纳百川的胸怀，那么烦恼也好，忧愁也好，都不会成为我们的阻碍，而幸福、美好也会进入我们的心中。

曾有名人说过，人的胸怀比大海更加宽广。心胸可以无限拓展，一个有着宽广胸怀的人，必定能够包容一切。相反，如果一个人喜欢抱怨，那么一定连琐碎小事都会在意，这样的人必定心胸狭隘。容不下，也就谈不上拥有，一切也只能成为虚无。

在生活当中，我们可能会遇到志同道合的朋友，同样也会遇到和自己有过节的人。通常情况下，我们会选择报复或是躲避和我们有过节的人，结果往往避之不及。其实，"敌人"未必就是永远的敌人，我们还可以有一个选择，就是包容敌人，变敌为友。

春秋时期，公子纠和公子小白曾为了争夺王位而站在对立的位置。管仲和鲍叔牙虽然都是有才之士，但站在不同的利益集团各事其主。管仲在公子纠旗下，而鲍叔牙在公子小白的阵营之中。

在双方交战的时候，管仲险些要了公子小白的性命，所幸他只是射中了公子小白衣带上面的钩子，使得公子小白幸免于难。不久之后，战争结束，公子小白获胜，成为历史上有名的齐桓公。

公子小白继位后，鲍叔牙因为辅佐有功，公子小白有意立他为相国。

然而鲍叔牙却认为曾经和他们敌对的管仲比自己更合适，虽然管仲曾经是敌人，但他是一个可用之才。为了国家社稷，鲍叔牙力荐管仲。

鲍叔牙心胸宽广，如实对齐桓公说："虽然我辅佐您登基，但是管仲比我更适合担任相国这个重要的职位，因为他在很多方面都比我强。他能够笼络民心，做到安民，而我做不到；他对治理国家也比我有见地，能够保证国家的利益；他能够制遵守礼仪，我却做不来。战争的时候，他能够鼓励、引导人们，而且还能指挥战争，在这方面我也不如他。所以他比我更适合做相国。"

齐桓公也是一位心胸宽广之人，考虑过后，他觉得鲍叔牙说得有道理，便让管仲做了相国，完全不计较曾经的一箭之仇。因为齐桓公和鲍叔牙的爱才，管仲也尽心尽力辅佐，最终助齐桓公成就伟业，使得当时齐国的实力强盛一时。

知人善任，成就了齐桓公的伟业。知人善任只是一个方面，更重要的是齐桓公有着宽广的胸怀，所以才能成为有着丰功伟绩的明君。四处树敌，只能让自己的朋友越来越少；广结良缘，才能让自己的世界越来越大。学会宽容，才能成就我们的人生。

宽容是一种能力，如果我们有着海纳百川的胸怀，那么烦恼也好，忧愁也好，什么都不会成为我们的阻碍，而幸福、美好也会进入我们的心中。反过来说，如果什么都容不下，那么最终将一无所有。

战国时期的魏国大将庞涓是一个战功显赫的将军，他曾经率领魏军北拔邯郸，西围定阳，横行一时，甚至险些将赵国的一部分领土也收归魏国。除此之外，他还收复了全部的失地。

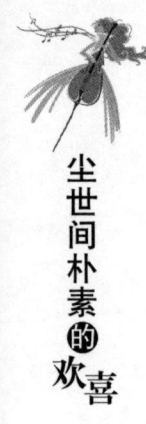

庞涓的实力非常强,但他有一个致命的弱点,就是心胸非常狭隘,容不得其他有才能的人,即使是曾经的同窗,他也一样不能容忍。他梦想成为历史上继吴起之后的第二个优秀的军事家,为此他不惜残害同窗孙膑。

庞涓虽然身为大将,却容不得其他有才之士,也因为这样,所以才难以成事,也注定了他的一切皆成镜花水月。庞涓曾经的同窗孙膑加入了与之敌对的势力,最终庞涓败于孙膑之手,魏国的霸权也随着他的消逝而陨落,曾经的一切也湮没在历史的车轮之下。

孙膑是有才之士,如果庞涓有着宽广的胸怀,懂得招贤纳士,那么历史也许会被改写。没有人能够靠自己战胜一切,只有宽容才能为自己赢得他人的信赖。想要立于不败之地,就要拥有足够的砝码,只有容得下一切,才能收获一切。用宽广的胸怀去接受,用平和的心态去容忍,自然能够将一切归于自己手中。

纠结于琐碎,只会让心情更糟糕

我们要想抓住幸福,就要学会抓住重点,只着眼于一些鸡毛蒜皮的小事,并因此而抱怨的话,只能让自己远离幸福。

我们有时因为太过追求完美,所以在小事或细节上也花费大量的精力,正是因为这样,我们才觉得辛苦,产生忧虑。只要我们分清事情的轻重缓急，不再纠缠那些无谓的小事，那么我们就能从忧虑中解脱出来。

大事还是小事通常以我们重视的程度为标准来进行区分。有时我们难以对此进行客观判断，抓不住事情的主体，就只能在细节小事上打转，进而耽误了其他重要的事情。我们的精力是有限的，难以做到面面俱到，在一件事情上花费太多的精力，就难以完成、处理其他事情，其结果就会和自己所期待的产生偏差。

从前有一个帝王，他潜心向佛，在继位之后，他就开始着手于对境内所有寺庙的修葺。这个时候问题出现了，围绕着谁来修葺寺庙这个问题，大臣们展开了讨论。

最后留下了两支队伍，一边是普通的僧人，另一边是一个优秀的装修队。帝王觉得选择比较困难，就向大家征询意见，最后讨论出了一个方法，就是让两边对两个寺庙进行修葺，以最后的结果来做定论。

于是两边都展开了工程，一边的装修队要了很多名贵的材料和金银，还要了很多种颜料。而另一边，僧人们的要求就简单多了，他们要了最简单的打扫工具。然后，两边都开始了自己的工程。

过了一段时间，僧人们的队伍就完工了，又过了一段时间，装修队的工程也完工了。人们先观赏了装修队的工程，工人们将寺庙装修得非常精致，雕梁画栋，一切都是崭新的，完全没有了寺庙曾经的样子，就连柱子上也雕上了精美的图案，并且还在柱子上镀了金。除了精美以外，人们没有了其他的评价。

然后人们又来到了僧人"装修"的寺院。刚刚进去，人们就被寺庙中肃穆的气氛感染了。原来僧人没有做任何的装修，他们只是扫去了灰尘，恢复了寺庙的本来面目。虽然寺庙并非是崭新的，但是人们却从中感受到

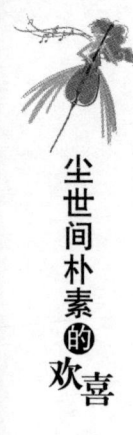

了佛教的庄严与厚重感，心也随之静了下来。经过众人的一致评论后，皇帝最终让僧人们在全国展开了寺庙的修复工作。

虽然说细节决定一切，但并不代表我们只着眼于细节，这样做就可能像上面事例中的装修队一样忽视了事物的本质。如果因为过于纠缠小事而耽误了大事，那么我们所做的一切努力也将没有任何意义。有时小事是异常琐碎的，总是和这些事情纠缠，势必会让我们感到烦躁和忧虑。摒弃那些无谓的小事，才能将自己从忧虑中解放出来。

现代的生活节奏越来越快，人们也变得越来越忙碌。我们要想抓住幸福，就要学会抓住重点，只着眼于一些鸡毛蒜皮的小事，并因此而抱怨的话，只会让自己远离幸福。

有一个年轻人，他每天都忙得焦头烂额，生活对他来说，痛苦远远大于乐趣。他每天都会有很多烦恼，并且为这些事情忧虑不已。

早上上班的时候，坐公交车的年轻人总会异常小心自己的鞋子不被别人踩到，没有座位的时候就站在座位边上时刻注意着哪个人哪一站会下车，当那个人有下车意向的时候，他就开始忧虑，因为担心别人会抢走这个自己已经等了很久的座位。

到了公司，年轻人也总是过分注意经理的言行，总觉得领导的每一句话都有着领导的意图，即使经理随便开句玩笑，他也会思考揣摩好久，总是试图去了解经理的意图。约客户见面的时候，他又会一直看表，因为他怕客户不来，怕失去客户。每当客户迟到的时候，就看到他在那里皱着眉头看表，一副坐立不安的样子。

结果呢？即使年轻人小心翼翼，但是很多不快还是找上了他。坐公交车的时候，因为过于注意自己的鞋子不被踩到，被小偷钻了空子偷了钱包；因为注意抢座位，不小心撞倒了要下车的老人；等客户的时候因为不停看表让客户误会他等得不耐烦，觉得他不懂礼貌，合作也告吹了；在公司因为过于关注经理的脸色，使得工作进展不顺利，最终离开了他的工作岗位。

故事中的年轻人因为过于在意无谓的小事，所以结果很糟糕。为什么要为那些无谓的小事焦躁不已呢？忧虑对人的伤害很大，我们完全没必要为了一点点小事而纠缠不休、忧虑不已。

生活是忙碌的，我们做不到马不停蹄地赶路，更没有精力去应对所有的问题，不要太过纠结一句话、一点琐碎事，平和一点儿，给自己一点儿空间，让自己能够有时间去享受生活，有机会感悟人生。

有理也要让三分

当自己占理的时候，学着让心静下来，相信公道自在人心，尽量用温和代替冲动，做到言行温文尔雅，得饶人处且饶人。

俗话说："有理走遍天下，无理寸步难行。"有的人在没理的时候通常会选择闭口不言静下心为人处世，但在别人理亏的时候，却容易冲动地与别人一争高下，非要让对方承认自己的错误，或者非要逼得对方无路可退才善罢甘休。

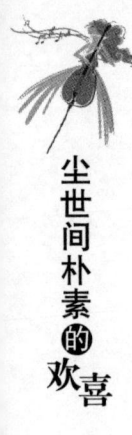

尘世间朴素的欢喜

殊不知,得饶人处不饶人往往会在无形之间打乱自己的心灵节奏,给周围的人带来很大的压力,破坏彼此良好的人际关系,为自己设置许多障碍,最终使自己走向孤立无援,生活的各方面也因此陷于窘迫。

刘珊是一个开朗活泼、直来直去的女孩,她这种性格本是很受欢迎的,尤其是在竞争激烈、尔虞我诈的职场,但是她却容易情绪冲动,尤其是自己有理的时候,非要和别人争出个一二三来。

有一次,刘珊被经理安排到外面做事情,文秘小红不知情,给刘珊记了请假,结果月底的时候扣发了工资。刘珊非常气愤,理直气壮地去找小红理论,说:"喂,你对工作怎么这么不负责,我什么时候请假了?"

小红去询问了经理,才知道自己搞错了,但是她心想:即使是我发错了工资,你也应该好好说,怎么可以这么出言不逊呢?于是,她不禁抱怨道:"这事也不能全怪我,当初你外出时没说是公务,我怎么知道,你也有责任。"

"什么?我的错?是你自己的工作没有做好,你怎么又怨起我来了?"刘珊仗着自己有理,不依不饶,大声嚷道,"我们市场部的可是公司的前线部队,难道人人都要向你这么一个打杂的汇报不成,不知道天高地厚!"

在大庭广众之下,被人如此痛骂,哪个人受得了。小红又恼又羞,趴在办公桌上哭了起来。此时,几乎所有的同事都开始指责刘珊:"不就是错发了工资嘛,你这么冲动做什么?""对啊,文秘每天也要做好多工作的,难免会有出错的时候,你跟人家好好说嘛……"

"我……"刘珊不明白了,本来自己是"受害者",怎么现在倒成了众矢之的。

在这件事情上，刘珊被扣发了工资，开始的时候她是有理的，但是她横加抱怨、出言不逊，这就显得有些不合情理了，只会在别人眼里留下过于冲动、不可理喻的印象，破坏自己的个人形象和与他人的关系，得不偿失。

在有理的时候你是无敌的，但是也要学会得饶人处且饶人，有理也要让三分。有理不在声高，也不在于言辞犀利，而是在于人心。谁对谁错，谁是谁非，别人心里自然清楚，这就是大家常说的"公道自在人心"。

当自己占理的时候，学着让心静下来，相信公道自在人心，尽量用温和代替冲动，做到言行温文尔雅，得饶人处且饶人。这是有百利而无一害的，做到这一点后，你不仅会拥有平和宁静的内心世界，而且能够理智、科学地处理好事情，令生活少了些不必要的怨恨，最主要的是你给众人留下的必将是优雅大度、正直善良的好印象。

一条大街上有一个古朴典雅的茶庄。虽然茶庄的地点较为偏僻，但这里的生意却很兴隆，每天来喝茶的顾客特别多。茶庄的一个服务小姐对每一位顾客都和颜悦色，说话轻声细气。但是，也有一些第一次来喝茶的顾客比较粗鲁。

"小姐！你过来！你过来！"突然有一位顾客高声喊着，他指着自己面前的杯子，满脸寒霜地说，"看看！你们的牛奶居然是坏的，把我的红茶都糟蹋了！哎呀，真是的，你们这是什么茶馆呀。"

服务小姐愣了一下，随即微笑着说："真对不起，我马上帮您换一杯新的。"

很快，服务小姐就把新的红茶和牛奶端了过来，杯子和碟子跟上一杯是一模一样的，放着新鲜的牛奶和柠檬。她轻声地说："先生，我能不能

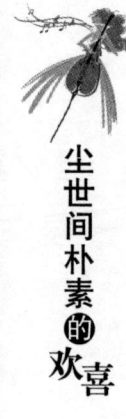

给您提个建议,柠檬和牛奶不要放在一起,因为牛奶遇到柠檬很可能会造成牛奶结块。"

那位顾客的脸唰的一下就红了,他匆匆喝完那杯茶就付款走了。这时候,其他的客人问那位服务员小姐说:"明明是他老土,你为什么不直接和他说呢?他那么粗鲁地对你,为什么你还和颜悦色地服务呢?"

服务员小姐轻轻地笑了笑,回答道:"正是因为他粗鲁,所以我才要用婉转的方式,因为道理一说就明白,又何必得理不饶人呢?理不直的人,常常用气壮来压人;有理的人,就要用和气来交朋友。"

在座的所有顾客都笑着点了点头,对这家茶庄又增加几分好感,从此这家茶庄的生意更加红火了,并不是因为他们的茶有多好,也不是因为茶庄的规模有多大,而是因为茶庄的服务态度好,让人觉得舒服。

正是由于服务小姐没有对顾客的无理取闹还以颜色,而是懂得有理让三分,面带微笑地为顾客服务,用委婉的语气告诉顾客事实的真相,其他顾客深受感动,才愿意光临这家茶馆。

试想,如果该服务员仗着自己有理,冲动地与顾客争辩,直截了当地指出顾客的错误,那么她只会给其他顾客留下肤浅、粗俗、愚蠢的印象,还有谁愿意照顾她的生意呢,相信她事后也会为自己的冲动而悔恨不已。

公道自在人心,冲动时静下心来,得饶人处且饶人,以这样的健康心态处理事情,不但可以得到一个满意的结果,而且能够赢得别人的尊重,甚至还会有意外的收获。

计较越少，收获越多

人与人的相处常常存在着计较。今天你得罪了我，明天我记恨了你，如此往复，没有尽头。与其这样煎熬，不如豁达一点儿。

有一个和尚在寺院里修禅，时日一长，就生了焦躁之心，他对师父说："师父，我决定去云游四方，提高自己的修为。"

师父看了看他说："我看你长进很大，只要继续在这个寺院中便可精进，又何必云游？"

和尚说："诸位师兄弟都比我有慧根，我看他们都到达了一定境界，只有我跟不上他们的觉悟，想来我不适合待在这个大乘寺院。"

师父对他说："人与人有别，他们修他们的禅，你悟你的法，这又有什么关系？"

和尚说："他们修禅，就像千里马，一日千里；而弟子却如驽马，即使尽力，也不及他们十之一二。"

师父大笑说："骏马有骏马的活法，驽马有驽马的好处，各人有各人的缘法，你越是计较，越是耽误自己的修为。我们参禅就是要了悟万物缘法，你为此烦恼，哪里还能参禅！"

千里马和驽马都有自己的活法，太过在乎自己与他人的差距，就是自己给自己找烦恼。有的时候糊涂一点儿不是坏事，笨一点儿又何妨？同样在努力，同样在做事，要注意的是自己做到的，而不是他人做到的，眼睛里只有他人，哪里还能参禅？

　　计较越多就会失去越多，因为人们计较的常常是一些小事。计较生活中的小事，则显示了你心胸狭窄、气量不够；计较事业上的小事，就会一叶障目，不见泰山，耽误了正事；计较感情上的小事，就会以偏概全，对人产生偏见，影响两个人的关系。比较下来就会发现，得到的不过是一肚子怨气，失去的却是气量、机会、感情，小事耽误大事，由此看来，计较不如比较。就像故事中的和尚，哀叹自己无能或者忌妒其他修行者的好命都于事无补，不如自己专心悟道，不是说"驽马十驾，功在不舍"吗？花更多的时间达到别人用很少的时间达到的事，其实并不丢脸。资质有差距，过程自然会有不同，但结果是一样的，自己得到的成就也是一样的。想要计较的时候不如先比较，看看那些自己没有的东西，而后努力得到，自然就不会再计较。不计较是一种豁达，缩短差距是积极的体现，一个豁达而积极的人，还有什么事做不成呢？

　　经济危机到来的时候，史密斯先生焦头烂额，他的工厂出现了资金问题，如果不想倒闭，只得尽快裁员。于是史密斯先生大笔一挥，近半数员工被解雇了。

　　史密斯先生是个暴躁的人，平日动辄训斥员工，被裁的员工无不对他咬牙切齿，甚至有人和他当面争吵。只有一个人没有对他横眉冷对，这个人就是清洁工杰克。

　　当众人都已离开工厂，杰克却独自一人擦着机器上的机油，史密斯先生看到这一幕很奇怪，便问道："你已经被解雇了，为什么还要留在这里干活？"

"解聘书明天才生效,今天我仍是这里的员工,必须完成今天的工作。"杰克说。

"我平日经常对你发脾气,你难道不生气吗?"史密斯先生问。

"先生,您是我的老板,给了我工作,我必须尊敬您。"杰克回答。

半年后,史密斯先生的工厂情况好转,杰克收到工厂的聘书,邀请他回去工作。而半年前和他一样被辞退的员工则没有得到这个机会,依然为找工作而烦恼。

人与人的相处常常存在着计较。今天你得罪了我,明天我记恨了你,如此往复,没有尽头。与其这样煎熬,不如豁达一点儿,就像故事中的杰克,记得老板的好处,便不会在老板有难的时候落井下石,当然也就能得到老板的尊敬与扶助。

现实生活中,利害与冲突不断,我们置身其中,有时深受其害。这个时候只能告诉自己不要计较太多,不要让自己徒增烦恼。唯有如此才能做到游刃有余,不被人事所累。不计较既代表了一个人有智慧,又代表了一个人心胸开阔。

面对利害与冲突,对事不对人是一种智慧。豁达的人并非任由他人打压,他们能与人保持友好的关系,就是知道对事不对人的重要性。在一件事上,每个人都有不得已,该理论的时候就理论,不能让的时候寸步不退;但这件事过去以后,互相理论的人仍然可以做朋友,欣赏彼此的为人与品性,在其他方面合作无间。不必在意区区一件小事,你计较得越少,收获得就越多。

缺点和不完美没什么大不了的

凡事不要太强求，不要把自己当成一个万能的超人，每个人都有缺点，有些缺点需要改正，有些缺点无法改正，甚至可以说，它是你的一种特点。

一户人家的媳妇每日早起晚睡，忙于织布，织出的布又细又密，图案又美，附近的人都称赞不已。不论是丈夫、小姑还是公婆，都对她赞不绝口。可是，她却觉得自己做得不够好，织布图案虽美，但速度太慢，不及邻居家的很多女人。

婆婆见媳妇每日为此发愁，就对她说："一花一世界，每个人都有他的长处和短处，就如桃花和梅花，各有各的美，如何作比？你固然觉得自己织布不够快，他人也觉得自己织布不如你的美，还是应该自己看开一点，不要为难自己，这才是舒心之本。"

媳妇听了，心中顿时开解不少。

故事中的媳妇能把布织得又细又密又美，这是她的优点。而且一匹布想要织得美，肯定要花更多的心思和时间，可她不满足，偏偏还要追求速度。虽说做人应当严于律己，但一味高标准严要求，把神经绷得紧紧的，就失了要求的本意，成了强求，甚至苛求。诚然，每个人都希望自己进步，希望做得比过去更好，但人的能力有限，或者拘于时运，事与愿违的情形比比皆是，若凡事强求，恐怕人生的不如意只会成倍增多，而这些不如意还是我们自己找来的，可谓自寻烦恼。

我们常常为了人情、为了照顾他人、为了礼貌等原因，宽容他人的过失，容忍他人的不完美，对于自己有时候却"狠了点"。每个人都想自己全面发展、无所不能，可又有几个人能样样都好？改掉缺点是没错，增长本领也没错，但每个人都有不适合的事，非要做好，不也浪费了做适合的事的时间？

佛家讲包容，万物皆在心胸之中，原宥其过，尊重其性，其中怎么能少了自己？与其勉强自己做那些不擅长的事，为什么不集中精力，把擅长的事做到最好？世人总是想着面面俱到，殊不知有重点才是成功的关键。如果对自己太苛刻，总拿自己的短处对比其他人的长处，只会丧失自信，再多的成就摆在眼前，也会觉得自己一事无成。

新学期有一堂选修课叫"科技与人的发展"，很多人听说过这个课的名字，虽然听上去挺普通，但授课的老师学识渊博、谈吐风趣、备课认真，是每一年的学生都会抢着选的课程。

第一堂课，学生们坐在阶梯教室里等待老师。老师出现了，是一个只有一只胳膊的中年男子，他似乎习惯了学生们惊讶的目光，一面自顾自地摆弄着幻灯片设备，一面对学生们说："少了一只胳膊，效率只有一半，你们可要多等等才行，不过没关系，我的舌头很灵巧，可以和你们说话。"学生们哄堂大笑，立刻喜欢上了这个幽默的老师。

对待自己不完美的地方，很多人讳莫如深，很怕被别人知道，更怕被人嘲笑。故事中的老师显然不是这类人，对待自己肢体上的残疾，他看得

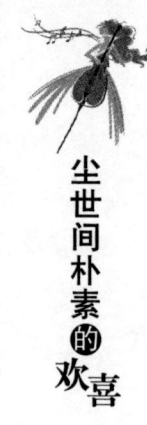

开,也不在意,即使少一只胳膊又怎么样?不过是效率低了点,但他仍旧是受学生欢迎的老师,缺陷丝毫没有影响他的能力、他的形象、他给人的好感,甚至他的豁达与乐观让人们更想亲近他。

我们不但要对别人宽容,也要对自己包容。那么我们怎样才能学会宽容地对待自己呢?首先要懂得全面分析自己。凡事不要太强求,不要把自己当成一个万能的超人,每个人都有缺点,有些缺点需要改正,有些缺点无法改正,甚至可以说,它是你的一种特点。总是对自己求全责备,很容易对自己丧失信心,甚至变得自卑。

每个人都想让别人看到自己完美的一面,留下最好的印象,但有的时候人们偏偏看到了不完美,而且还有些挑剔的人专门找别人的缺点,你能有什么办法?其实,自己把自己的缺陷说出来,比别人说出来更好,自嘲的人往往让人觉得很可爱。人的心需要保持一种平衡,既不要太自负,也不必太自卑,对自己的优点,心里有数;对自己那些无伤大雅的缺点,做到一笑置之,这就是一种胸襟。

保持心理平衡的最好办法就是学会自嘲。缺点和不完美没什么大不了,不如当笑话说出来让大家也笑一笑,人们开过玩笑以后,就再也不会嘲笑了。例如一个胖子如果总是遮遮掩掩,在人们心中,他不过是个自卑的胖子,但是他如果随便说几句自己"人宽心也宽",那大家会把"宽"当作他的优点记下来,留下大度的印象,至于胖不胖,那已经是细枝末节问题了。把自己的不完美转化为一种特点,甚至一种优势,这才是真正的智慧。

只盯着一个棋子最终会失掉全局

做事要看全局,不能只看局部,就像下棋高手不在乎一个棋子,甚至会丢车保帅,千万不要因鼠目寸光而耽误自己的前程。

在英国的一所著名大学里,一位哲学老师正在进行一个测验,他将一张张白纸放在每个学生的书桌上,问他们看到了什么。

有些人说:"老师,我看到的是一张白纸。"

有些人说:"老师,白纸上什么也没有,我什么也看不到。"

极少数人说:"老师,我看不到尽头。"

哲学老师说:"我欣赏你们,你们的思维没有边界,目光不只盯着一张纸,还能超越事物本身,想到别的可能。你们的眼界更高,心胸更宽,这样的人更容易成功。"

面对一张白纸,有人看到的是白纸本身,有人看到的是空白,有人看到了无限种可能。第一种人往往活得现实,一是一,二是二,他们循规蹈矩,做着应该做的事,不会有任何出格的举动,他们的生活安稳、平淡;第二种人往往活得无力,他们认为既然一切都会过去,努力没有必要,活一天算一天,他们的生活轻松,却也空虚;第三种人活得有热情,他们认为生命只有一次,必须做点儿什么证明自己的价值,他们相信未来,也相信自己的能力。

相信梦想也是一种豁达，当一个人不为自己的出身自暴自弃，不为此时的弱小怨天尤人，不因一时一事而对自己失去信心，武断地下定论时，我们就不得不佩服他的心胸，也由衷地相信只有这样的人才可以成就大事——他能够接受自己，不论是优点还是缺点，都能够突破自己。

想做出一番事业，首先要有做事业的胸襟，要相信一个人的成就必然与他的心胸成正比。举个简单的例子，做事业需要有伙伴，这些共事者身上可能有你难以忍受的品德或者习惯，甚至有人会冒犯你，经常跟你唱反调。你能不能包容不合自己心意的那部分？如果不能，那么你只能吸纳自己喜欢的部分，最多是一条河。只有吸取更多人的力量和智慧，才能有海纳百川的恢宏气势。所以荀子说："不积小流，无以成江海。"

王硕与庄吉是商场上的一对老冤家，他们都是做器材生意的，经常产生矛盾。王硕为了挖对手墙脚，常常对合作者造谣说："庄吉的工厂存在很大问题，产品常常有质量隐患。"庄吉听到这件事后非常恼火，但他的"军师"经常劝他要戒急忍性，不可争一时之气。

有一次，有人找庄吉谈一笔大生意，没想到对方要的产品型号刚好不是庄吉工厂生产的那种，反倒是王硕那里的专长。庄吉想起"军师"常常劝告自己的话，就直接将王硕的手机号告诉给了那位顾客。没多久，王硕就签下了这一笔巨额订单。

从那以后，王硕再也没有说过庄吉的不是，反倒主动把一些客户介绍给庄吉。双方发挥各自的优势，通力合作，很快打垮了其他对手，占据了国内器材市场。

庄吉很庆幸自己当年的大度，否则他还在与王硕争夺小市场，根本不会有今天的成就。

俗话说："宰相肚里能撑船。"想做大事就要懂得包容和妥协。故事里的庄吉主动与和他对着干的王硕和解，换来了一位强有力的同盟者。如果总是计较过去的那点儿仇恨，两个商人不断作对，两败俱伤，又怎么会有后来的大成就？

想做一番事业，就要学会权衡，今天你可能吃了亏，但今天的吃亏是为了将来的前途打算，比起未来的收益，一时的小亏算得了什么？何况为了一时的得失计较，眼光就只能盯住这一时，如何看得更长远？做事要看全局，不能只看局部，就像下棋高手不在乎一个棋子，甚至会弃车保帅，千万不要因鼠目寸光而耽误自己的前程。

要有容人的雅量，有时被人得罪，不要往心里去，只当过耳一句闲言，何必反复琢磨？人的心说小不小，说大不大，整天放着琐事，还有什么空间装大事？对待他人的缺点，也要能担待、肯担待，不要过分苛责，如此和人相处才能和睦长久。对待他人的错误，要用谦和的态度指正才能让人真正心服，不要揪着说个没完。要把精力放在那些真正重要的事上，有豁达的心胸，才能做到万物不介于怀。

心宽者必淡定

如果以计较的眼光看世界，那么世界就很小，只会盯着别人或者自己那么一点的错误，而忽视了整首"赞美诗"。

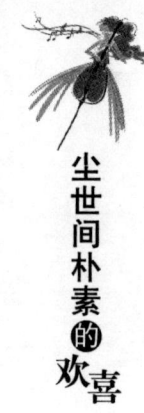

尘世间朴素的欢喜

唐末宋初的永明延寿禅师有一首非常著名的禅偈："修习空花万行，宴坐水月道场。降服镜里魔军，大作梦中佛事。"意思是说，虽然一切的修行活动像空中的花朵般虚幻不实，但还要认真去修行；虽然修行办道的场所像水中的月影般虚幻不实，但还要静静地禅坐；人的烦恼魔障本来是空，像镜中的影子一样，但还要努力去降服；各种佛事活动本来是空，像梦中的景象一样，但还要努力去完成。

苏东坡曾在《前赤壁赋》中说："客亦知夫水与月乎？逝者如斯，而未尝往也；盈虚者如彼，而卒莫消长也。盖将自其变者而观之，则天地曾不能以一瞬；自其不变者而观之，则物与我皆无尽也。而又何羡乎？"

文章中，苏轼借江水与明月两个意象展开自己的观点。苏轼说，从一方面看，江水滔滔不息，日夜流逝；从另一方面看，江水还是一江之水。从一方面看，月亮阴晴圆缺，日日不同；从另一方面看，月亮本身并没有任何增减变化。

这就是在告诉我们，看待人生需要一个多元的角度。佛家讲"空即是色，色即是空"，缘起缘灭，生生灭灭，转眼之间，天地都不复存在，又何况短暂的人生。既然人生短暂无常，又何必因为那些琐碎的小事而太过计较。

然而不可否认的是，我们每天都生活在得与失里。不过要相信天道无私，有一得必有一失，如果太计较得到，只能失去更多。

有一首歌这样唱道："不管得与失，值得去庆祝，因为心中易满足。"放下得失不计较的人拥有豁达的胸怀，这是一种明智，这样的人看似吃一点儿亏，受一点儿累，但其实最终能收获更多。

一年冬天，杰夫在郊区购买了一个大牧场。有一天，牧场里的牛逃了出来，最后冲进一户农家偷食玉米，被农夫当场杀死。杰夫得到这个消息时很愤怒，心想农夫实在太过分了，牛只不过偷吃了点儿玉米，农夫竟然把牛宰了。

杰夫带着用人一起去找农夫理论。当时郊外天气风云突变，正值寒流来袭，他们只走到一半，人和马就全部挂满了冰霜，两个人也几乎要冻僵了。好不容易抵达农夫的小木屋，农夫不在家，但农夫的妻子热情地邀请他们进屋等待。杰夫进屋时发现，屋子的桌椅后还躲着五个瘦得像猴子似的孩子，这个情景让杰夫有些震撼。

不久，农夫回来了，农夫的妻子告诉农夫："他们是顶着狂风严寒来找你的。"杰夫看到农夫时本想开口与农夫理论，可他忽然又打住了，伸出了手和农夫握了握。

外面天气寒冷，农夫热情地邀请杰夫共进晚餐。其间，农夫满脸歉意地说："不好意思，委屈你们吃这些豆子，原本有牛肉可以吃的，但是忽然刮起了风，还没准备好。"

孩子们一听有牛肉可吃，高兴得眼睛直发亮。吃完饭，用人一直等着杰夫开口谈正事，但杰夫似乎忘了一样，只见他与这家人开心地有说有笑。又过了一会儿，天气仍然很差，农夫便要两个人住下，等明天天气转暖了再回去，杰夫拗不过，只得与用人借宿了一晚。

第二天早上，他们又吃了一顿丰盛的早餐，然后告辞回去了。一路上杰夫默默无语，倒是用人忍不住问他："我以为，你准备去为那头牛讨个公道呢！"杰夫微笑着说："是啊，我本来是抱着这个念头的，但一进门就放弃了。后来证明我的决定是对的，我并没有白白失去一头牛，而是得到了更宝贵的人情味。毕竟，牛在任何时候都可以获得，但人情味却并不是那么容易得到的。"

大多数的人都在追求物质上的满足，为了小事斤斤计较，然而当物质需要得到满足之后，他们却并没有得到内心真正的充实。人与物之间是无从比较的，真正的无价必定表现于无形。故事中的杰夫尽管失去了一头牛，却换得农夫一家人的笑容和幸福，以及难得遇见的人情味，这段经历更让他懂得生命中哪些才是无价的。

如果以计较的眼光看世界，世界很小。而真正的聪明人会主动放下计较，甚至还会利用常人的计较心理，达成自己的目标。

一般来说，持有这种狭隘心理的人，必将自己的精神世界局限于一个极小的范围，逐渐会变得自私、冷漠、吝啬、苛刻，特别是在日常生活中，就连一些小小的疾病、挫折、财物上一点儿小小的损失、别人对自己小小的不尊重，都很容易对他们的心理活动产生极其严重的影响，甚至使其陷入其中无法自拔。因此，这种不良心理的危害是很大的，应该努力加以克服。

心宽者必淡定，他们闲看云卷云舒，明白了色空不定的道理。正如百岁老人陈椿的一句话："一件事情，如果想通了就是天堂，想不通就是地狱，既然活着，就一定要活好。"有些事会不会招惹麻烦，有时完全取决于我们的心态。不要把一些鸡毛蒜皮的小事放在心上，别太过于看重名利得失，不要总是那么猜疑敏感、任意夸大事实，也不要动辄就为了一点儿小事而着急上火、大动干戈，只有心里放得下这些，才会拥有一个幸福美满的人生。

第四章 心淡，风雨绸缪亦会现彩虹

心淡，淡在荣辱之外，淡在名利之外，淡在诱惑之外，却淡在骨气之内。心淡如菊之人在物欲横流的滚滚红尘中，能够谢绝繁华，回归简朴。

心态平和，幸福自然而来

遵循自己的人生，自然会得到自己的幸福，不属于自己的就算得到了，也会背上不安或内疚，终究不踏实。

古时候，有个男人心胸狭窄，经常和邻居发生口角，今天嫌东家的篱笆占了自己家的土地，明天骂西家的鸡吃了自己院子里的小米。有一天，他又和一位邻居发生争执，双方吵不出个所以然，男人决定去附近的寺庙找一位禅师评理。

禅师听完这个男人的话，对他说："我今天刚好有事，不如你明天再来吧。"

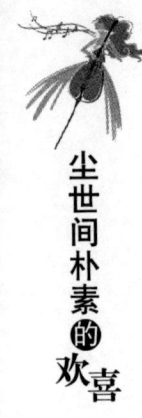

第二天,男人又去寺庙找禅师,禅师不在,弟子说:"师父出去了,让我告诉你明天再来。"

连续几天都是如此。直到第五天,男人终于见到了禅师,禅师说:"你有什么事要对我说?说吧。"男人想要数落邻居的不是,突然觉得那么小的事情过了好几天还要说个没完,显得自己太没气量,于是说:"没什么事,就是来问候您一下。"

禅师说:"这就对了,仔细想想,世间能有什么大事?平和一点儿,没什么事值得你生气。"

心胸狭隘的人看世界也是窄的,处处都有气,事事都急躁。而为故事中那个男人评理的禅师却不紧不慢,他知道男子忍上几天,怒气就会烟消云散。在得道者看来,世间本无事,庸人自扰之,与其急躁,不如从容待之。

什么是"道"?"道"就是万事万物的规律与法则。在现代生活中,所谓"得道",就是要有一颗平和的心,有一颗与人为善的心。这样的人才能耕种"福田"。"福田"是佛教中的概念,既指人对外界与他人的布施,是一种慈善举动;也指人如果以平等的心对待世间的一切,就能得到善果。就像故事中的那个男人,禅师教导他不与人计较,就是在其心灵种下一颗善果。

平和的心有禅性,故脾性不急躁,有了怨气能够自行疏解,不与人因琐事起纷争。就像广袤的土地,不论敲击还是播种,都能一视同仁,保持自己的坚实和深厚。仔细想想,世间又有多少事真的值得自己生气?保持心平气和才能集中精力做好自己的事。

平和的心有定性,故行事不激进,凡事都能深思熟虑,不会因一时冲动耽误了计划，带来不可挽回的损失。就像潺潺流动的河流，总能到达入海口，又何必激流澎湃？细水长流既能达成目标，又有悠闲自在的情致。

一个老锁匠一生制锁、修锁、开锁无数，年纪大了，想找个弟子继承他的店铺，继续打他的招牌。但在几个手艺高超的弟子中，老锁匠不知该选哪一个。

老锁匠想到一个方法，他将三个柜子都上了三重锁，对三个手艺最好的弟子说："我想要从你们之中选一个当我的继承人，你们谁能以最快的速度开完锁，让我满意，我就将我的店铺传给他。"

三个弟子很兴奋，飞快地打开三重门锁，速度几乎一样。对于这个结果，老锁匠不感到意外，他问了另一个问题："说说看，你们在柜子里看到了什么？"

"我看到了一块金子。"一个弟子说。

"我看到了一块宝石。"另一个弟子说。

第三个弟子瞠目结舌，呆呆地说："我只想着开锁，没有注意里边有什么东西。"

"你就是我的继承人！"老锁匠宣布。他又对其他弟子解释："不论做什么都要讲修为，参佛的人心中只有佛，作画的人心中只有画，开锁的人心中只能有开锁这件事，其余的东西都要视而不见。一旦看不见，就不会产生非分之想，这就是我选他做继承人的原因。"

想要心态平和，就要抵得住诱惑，不要产生非分的念头。老锁匠选择继承人不仅看手艺，更要看徒弟们的心是否经得起考验，看到财物未必会心生贪念，但不看不闻的人更显得专心致志。当众人都在为外界的事物弄得眼花缭乱、心智不坚时，能够一心一意专注于心灵的人最是难得。

非礼勿视，就能杜绝非分之想。就像故事中的第三个徒弟一样，知道诱惑不可取，索性不去看，只做自己该做的事，这也是一种"得道"。只要守住自己的本分，世间就没有那么多求之不得，也没有那么多铤而走险。遵循自己的人生，自然会得到自己的幸福。

人是感情动物，平和的心需要自我约束，才能真正做到波澜不惊。所谓的平和并非没有感情，而是让感情更加平和。强烈的仍然强烈，只是它有了一个限制，不会因诱惑而失去定力，不会因急躁而失去判断力，也不会因哀伤而失去目标。当感情有了平和的心做底子，它就不会失去本应有的色彩，只会更加长久，更加专注。

好心境决定好生活

心境好的人常常会有好心情，一个人若长期处在一种愉悦、自然的状态下，将不会被迷茫、焦虑、忧郁等情绪困扰。

一个法国青年想去瑞士留学，他醉心于瑞士的湖光山色，经常夸奖瑞士是世界上最美丽的国家，并深深为自己不是瑞士人而懊恼。

一位教授听说了这件事，找到他问："听说你想去瑞士留学？你家是哪里的？"

青年说："我出生在一个偏远农村，那里糟透了。"

"你以前在哪里上学?"

"我在巴黎上过学,那是个虚伪的城市,糟透了。"

"你觉得你现在住的马赛怎么样?"

"马赛糟透了,它的名气都是靠别人吹起来的。"

"你不用去瑞士了。"教授说,"我是瑞士人,我可以向你保证,你去了瑞士一样会觉得那里糟透了!"

一个法国青年热爱瑞士,决定要去瑞士留学的时候,一位瑞士籍的老师出于好奇,问了他几个问题。从答案中可以看出,这个生在法国、长在法国的学生,把自己的祖国贬得一钱不值。对于一个只盯着环境的不好而忽略周围的美丽的人,教授不客气地指出:"不用去瑞士,因为瑞士同样糟糕!"

哲人说:"你寻找什么,就得到什么。"这句话不是故弄玄虚,而是说明了心灵对认知的影响。一个人若看到什么都觉得"糟透了",说明他看待环境的眼光出了问题,只要反复观察环境的缺点,那么哪一个地方不是"糟透了"?就像在生活中,我们总能遇到那些盯着琐事不放的人,他们的生活中很少有快乐,一点小事就能让他们说:"太糟糕了。"他们不知道,决定生活质量的并不是环境,而是一个人的心境。

人的生活质量到底由什么决定?一定的物质基础,这是必需的。一定的娱乐消遣,这也是我们所需要的。和睦的家庭、邻里关系,这同样是要素之一。但最重要的还是一个人的心态,这个人是否对生活感到知足,是否能在简单的活动中得到快乐。有时候,一颗懂得满足、善于发现乐趣的心,比任何东西都重要。

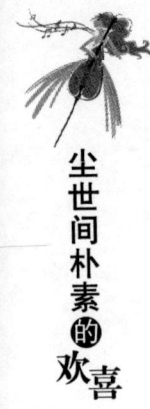

尘世间朴素的欢喜

秋天到了,森林里的动物忙着为过冬储备食物,蚂蚁成群结队地去田地搬运掉落的麦穗,猴子把摘的果子堆进山洞,燕子们也准备飞往南方。一只老鹿对一只燕子说:"你们燕子只能在南方过冬,真可怜,每年都要飞那么远。"

燕子说:"我们燕子只适合温暖的气候,天一冷就必须飞到南方。但我们不觉得自己可怜,我们虽然每天都很辛苦,还经常遭遇其他鸟类的袭击,但是我们沿途可以看到很多你们看不到的景色,听到很多你们听不到的事。比起在原地睡觉,我们更喜欢在旅行中度过我们的时间,每到秋天,我都会因为即将出发而感到快乐。"

自然界动物的性格不尽相同,有些动物习惯定居,有些动物酷爱迁徙。燕子天一冷就飞往南方,对它们来说,这是难得的旅行,会让它们的生活更加丰富。即使在其他动物看来,一连几十天的飞行太过辛苦,而燕子觉得迁徙的途中给它带来很多精彩。

心境不同,对事物的看法也会不同。古时候,孔子曾夸奖他的弟子颜回:"一箪食,一瓢饮,在陋巷。人不堪其忧,回也不改其乐。"颜回的心态就是人们常说的安贫乐道,物质条件恶劣也改变不了他的好心情,粗茶淡饭他也能乐在其中。然而在现实生活中,人们所面临的困难也许不是贫穷,而是失意、低微、挫败等,想要好的生活并不容易,这个时候人的性格就会发挥巨大的作用。

好的性格能够带来好的心境。一个乐观的人看事情往往是积极的;一个善良的人愿意理解他人,对弱者充满爱心;一个诚实的人就像澄净的水,从不亏心;一个勇敢的人敢于面对挑战,从不动摇意志……与此相反,消极的人认为世界暗无天日;恶毒的人总觉得有人要害自己;奸诈的人总怕自己被骗;软弱的人经不起打击,随时都会跌倒……一个人心境不好,就很难得到高质量的生活,只能在苦闷与怀疑中步步为营。

好的心境能够决定好的生活。心境好的人常常会有好心情,一个人若长期处在一种愉悦、自然的状态下,将不会被迷茫、焦虑、忧郁等情绪困扰。倘若你希望自己拥有好的生活,就不要错过每一件让你开心的事,即使有烦恼,也要尽快让自己开心起来,让心灵在阳光下怡然自得,体味每一天的丰富多彩。

与人为善是耕种"福田"

与人为善,就是在别人的心田里播下爱心的种子,等到这颗种子茁壮成长,你的名誉也会随之拔高。

一户农家合家幸福,夫妻和乐,男耕女织,有三个活泼可爱的孩子。隔壁的地主很嫉妒这一家人,特别是地主婆,她一直没有产下一儿半女,看着农妇的三个儿女着实眼红。因为农户租种她家的土地,她一直都跟农妇摆脸色,故意挑毛病。

一天,农妇因心地善良感动了神仙,神仙说:"我可以帮你实现一个愿望。"农妇想了想说:"我的家庭很幸福,我们靠着自己的双手也能吃饱饭。但是,我隔壁人家的主妇却一直没有孩子,闷闷不乐,请赐她一双儿女吧。"

"可是,她不是经常找你麻烦吗?"神仙不解。

"那都是因为她没有子女的缘故啊。"农妇说。

"你再好好想一想,你真的不缺少什么吗?"神仙问。

"我什么都不缺,您还是去帮助最需要的人吧。"农妇快活地说。

后来,在神仙的帮助下,隔壁家的地主婆果然生下了一双儿女。当她听说这都是拜一直被自己轻视的农妇所赐后,大为感动。刚巧这一年是荒年,农妇家的田地里不长庄稼,地主一家不但减免了他们的地租,还送了很多粮食给他们一家五口。

故事中的农妇不计旧恶,一心一意为邻人着想,在满足邻人愿望的同时,也给自己带来了好运,这就是善因带来的善果。倘若农妇心存计较,诅咒隔壁的地主婆,那么荒年到来之时,她得到的就不是投桃报李的救济了,而是冷眼旁观的漠视,甚至落井下石的敌意。

与人为善就是耕种"福田",与其说"为善"是一种付出,不如将它看作是一种回报。我们从小到大,接受过多少人的善意?陌生的师长,给我们谆谆教诲;不相识的同学,成了我们的好友;甚至那些只有一面之缘的陌生人,也曾给我们帮助。多少次我们在遇到困难的时候,感到了他人的爱心?有人感叹人情冷漠,但这样感叹的人也不是一无所得,他也曾在摔倒时,靠别人伸来的手重新站起。

在人与人的关系中,懂得给予的人往往是收获最多的人。表面上看来,他损失了很多东西,甚至会有人觉得他太傻,可他因此收获的心灵上的满足、旁人真诚的敬佩与感激,难道能以物质衡量?何况善良的人更容易得到好人缘、好人脉以及好机遇,他得到的东西远比失去的更多。

一年的圣诞节,杰克收到一份他梦寐已久的礼物:他的哥哥送了他一辆崭新的汽车。杰克兴奋地擦着车，迫不及待地想要驾驶它在城里开上一圈。这时，一个衣衫单薄的小孩向他乞讨。杰克见小孩可怜，就去家里拿了很多食物给他。

出来的时候，小孩正带着羡慕的眼光盯着那辆车，杰克说："那是我的哥哥送给我的礼物！"小孩眼中的羡慕更强烈了，他说："这车太棒了，有一天我也要……"

杰克清楚他接下来的话是什么，更加同情这个小孩了，就提议道："我要开车兜风，不如把你送回家吧！"孩子欢呼一声，随着杰克上了车。

把车开到贫民区门口，小孩下了车，迎接他的是一个更小的男孩。小孩指着车对那个小男孩说："弟弟你看！这是这位先生的哥哥送给他的！有一天，我也会买一辆同样的车送给你！"两个小男孩真挚的笑容让杰克明白：给予带来的快乐，远远超过得到。

给予是什么？给予就是满足他人的某种愿望，给他人带来快乐。给予别人的同时，自己的心理也能得到满足。古人说"日行一善"，就是通过每一天帮助别人，培养自己的道德，让自己能更和谐地与他人相处。就像故事中的杰克，他的快乐是看到孩子的笑脸，小男孩想到的是别人的开心，这都是真正的善良。

给予是一种智慧，你在给予别人的时候，也是在成全自己。一位名人的父亲从小就教育他："不论你想要谁帮你达成愿望，记住，你先要帮那个人达成愿望才行。"给予并不是一件功利性的事，但是人与人的关系的确遵循着付出与回报的平衡，没有人想只付出而得不到回报，也没有人不付出却能一直得到回报。否则，前者早晚会累死，后者早晚会被人认为自私，最后被孤立。

在佛教里，给予就是慈悲，佛家并非无情，而是"有情"之上的"情"，是一种无声的大爱，它的基点在于慈悲，我们不必探讨深奥的佛教观念，在我们的生活中，慈悲很简单，却又不简单。它不只是对他人的怜悯、同情，还包括日常生活中与他人的亲善，看到他人需要帮助，有前去扶持的意识，这些都是慈悲、善念。

与人为善，就是在别人的心田里播下爱心的种子，也许他们未必会领你的情，偶尔你可能还会遇到恩将仇报的情况，但旁人会将你的爱看在眼里，那个受到恩惠的人早晚也会想明白。等到这颗种子茁壮成长，你的名誉也会随之一步步拔高。相反，如果你播撒的是恶意、仇恨的种子，那么只会给自己带来别人的厌恶，让你在与人相处的时候必须小心提防，才能不被人心的荆棘刺伤。而那荆棘其实都是你亲手种下的，到最后伤到的还是你自己。

淡泊从容，活出高境界

淡泊是一种境界，面对得失，淡泊的人不会计较；面对祸福，淡泊的人坦然接受；面对成功与失败，淡泊的人会泰然处之；面对他人的赞美和诽谤，淡泊的人只是付之一笑。

回家路上有一座过街天桥，上面有卖各种杂货的小商贩，不论是廉价的首饰还是衣服，或是青菜水果，还有花草和宠物，在这里都能买到。

在这个拥挤的地方，一位拉二胡的老人特别引人注目。他就坐在天桥口悠然自得地拉着二胡，过往的人都会被那优美的乐曲吸引，听完一段再继续赶路。这位老人衣着整洁，他看起来不像在街头拉琴赚钱的人。一位新闻记者认识的人多，发现他竟然是一位国家级的表演艺术家，退休后就在家附近的天桥上拉拉二胡，自娱自乐。他说，在天桥上面对路人拉二胡，和坐在表演厅为观众拉二胡，并没有什么不同。

在人来人往的过街天桥上，一位拉二胡的老人坐在卖杂货的小商贩中间，谁也不知道他竟然是一位国家级的表演艺术家。他坐在这里要的只是有人愿意欣赏，还有自己那份能为他人演奏的怡然自得的心情。这位老人拉二胡没有任何功利性，他只想给自己、给他人带来很多享受，这样的人已经到达了一种淡泊的境界。

诸葛亮说："非淡泊无以明志。"如果人生是一条河流，那么勇敢的人就是奔流的长河，永远朝着自己的目标冲刺；贪婪的人就是沼泽，总想将自己周围的东西全都拉到自己手中；单纯的人就是泉水，总能涌现出活力；淡泊的人就是湖泊，愿意包容一切，却又平静无波。人们形容淡泊之人"心静如水"，像水一样无欲无求、清澈见底，一样富有生命力和人情味。

淡泊是一种境界，面对得失，淡泊的人不会计较；面对祸福，淡泊的人坦然接受；面对成功与失败，淡泊的人可以泰然处之；面对他人的赞美和诽谤，淡泊的人只是付之一笑。他们能够一心一意地做自己想做的事，并从中发掘真正的乐趣，他们不在乎这件事为他们带来回报还是损失，只在乎自己的那一份心情和努力。别人对他们不满意，他们却为自己自豪，不会去强求他人，这样的人走到哪里都会带来平和的气氛。

尘世间朴素的欢喜

    一位著名导演的新戏预备开拍，为了寻找新的灵感，导演采取公开招募的方法招募演员，前来应征的既有大牌明星，又有电影学院的学生。几个副导演经过上百场试镜和选择，终于敲定了十位男主角候选人。

    最终选拔的当天，每位候选人都要在导演的要求下做一段即兴表演，还要抽签演一段剧本里的戏码。其中一个中年男演员引起了导演的注意，这位男演员演技精湛、表达传神，导演觉得这个演员有点面熟，想了半天才记起这是一位一直不怎么出名的实力演员。这位演员的演技无可挑剔，可惜在演艺圈，想要成为明星需要一张能让人记住的、有特点的脸，这位演员的缺点就是长相太大众，虽然称得上帅气，但没有什么特点。也正是因为这个原因，导演没有选他作为主角，而选了一位演技不如他，长相却更符合角色感觉的演员。

    令导演惊讶的是，听到结果后这位演员并没有任何不服气，脸上也没有恼怒的神色，有人问他："输给实力不如你的人，你难道不生气吗？"那个男演员说："导演选择一个角色不只要考虑演员演得好不好，还要考虑是否对自己的感觉，也许我刚好演不出导演要的感觉，那么我为什么要为这件事生气呢？难道生气了，我就能当上男主角吗？"他的一番话令导演大为佩服。

    一个到了中年还没有出头的男演员，在试镜时又一次遭遇失败，连导演都对他心生同情，感叹他的运气不好。有人问他对这样的结果是否不服气，男演员的回答很达观，他想得很明白，即使生气，机会依然不是他的。导演的选择自有导演的考虑，演员只需尽到自己的努力，即使得不到这个角色，也依然能得到导演的肯定和尊重。

    常言道：谋事在人，成事在天。这并非是一种迷信，而是一种对待事情的达观心态。很多时候即使想着"一定要成功",做了万全的准备,还是会因为临时发生的小问题而导致整个计划失败。求之不得,难免心理失衡,一旦失衡加大,内心的平静便不复存在。对人对事不以平常心,只会终日生活在烦恼中,被人嘲笑"庸人自扰"。

不如学着让自己从容,从容的人懂得迁就,当环境不如意时,他们仍然能够找到自己的快乐,他们的步伐那样简单又那样沉稳,不论眼前是大风大浪,还是闲庭花落。他们会用理解的目光看待周围的一切,因为懂得,所以珍惜,珍惜自己,也珍惜这个世界。

不如学着让自己淡泊,淡泊的人容易满足,容易快乐。在熙熙攘攘的都市,面对生活的沉重和纷扰,一颗淡泊的心才能保留一份简单和坦然。面对困境时,淡泊的人首先会听听自己内心的声音:尽力而为,尽心而为,不论结果如何,都是一种快乐。

快乐,人生最大的财富

把今天的事做好,把今天的日子过好,明天的事明天再说,这就是快乐的秘诀。

有个富翁年纪大了,他的三个儿子都很能干,但他总觉得儿子们的生活少了点什么,因此他不希望这种遗憾发生在孙子、孙女们身上。一天,他对自己的五个孙子、孙女说:"今天你们去帮爷爷抓几只蝴蝶。"小孩子们一窝蜂地跑了出去。

大一些的两个孙子很快就回来了,他们把自己的零食分给了附近的小朋友,让他们帮忙抓了十几只漂亮的大蝴蝶。

两个孙女也回来了,她们去了很远的蝴蝶商店,买回了几只漂亮的蝴蝶。

最后回来的是小孙子,他把一只不起眼的小蝴蝶交给爷爷,拍拍身上的泥土说:"我抓了将近一天时间才抓到一只最小的,不过今天玩得真开心!"

富翁满意地笑了,对孩子们说:"其实我并不想让你们在这么小的年纪学习如何雇人、如何挑选商品,我希望你们能够得到抓蝴蝶的乐趣,对乐趣的追求才是一生最大的财富。"

富翁年纪大了,对于人生自然多了感悟。他年轻时为事业劳碌,为金钱奔波,忽略了享受生命,当他看到自己的儿子们与自己一样整日工作时,为他们也为自己感到遗憾。他不想让这种遗憾发生在孙辈们身上,他希望孩子们知道:对乐趣的追求是一笔真正的财富。

在我们小的时候,每个人都有很多乐趣,男孩子玩赛车、玩枪战、玩泥巴,女孩子玩洋娃娃、玩积木、积攒美丽的卡片……这些简单的乐趣陪伴我们度过了多姿多彩的童年,以致我们成年后常常回想那时候的单纯。有的人会反思,为什么手中的工资、宽敞的住房、时髦的衣物所带来的满足,还不如童年时的一块糖果?因为那个时候我们没有那么多压力,我们只需要感受快乐。如果一个成年人能够在日常生活中平心静气、顺其自然,不去自找麻烦,不整天想着生活的繁重,他同样可以在一杯清茶、一本书籍中得到享受。

尽管人生需要经历很多苦难,但人生下来并不是为了受苦,而是为了实现梦想、获得幸福。人生的意义是在曲折中感受快乐的存在。这种快乐有时存在于细微的地方，可如果缺少发现快乐的眼睛，你就会错过它。那么快乐是什么？快乐并不是每次考试都考全班第一，而是当你看到名次不够理想，委屈地想要哭泣时，突然发现一直很差的科目比上一次进步了十几分，那时你就会知道，你的努力有了价值，尽管总体没有达到目标，却依然证明了你的能力。

孙先生只读到初中，他没有什么特长，下岗后也找不到正经工作，幸好父母留了两套住房给他，靠着出租房子收租金，孙先生的日子过得还算不错。可是，一年前孙先生学着做生意，卖掉了一套房子，生意失败后资产所剩无几，他每天都长吁短叹，认为自己明天就会喝西北风。妻子经常劝他想开点，但没有任何成效。

一天孙先生正在发愁，七岁的女儿真真学着他的样子叹了口气，孙先生问："真真，你叹什么气？"真真用稚嫩的声音说："我怕将来找不到好婆家！"孙先生和孙太太哈哈大笑，孙先生说："你才多大，就想这么久以后的事？"孙太太说："是啊，今天的事都烦不过来，你竟然有心情去烦明天的事。"孙先生听出太太话中有话，仔细一想，这话挺有道理，明天的烦恼明天再想，重要的是把今天的事做好。

没有生意头脑的孙先生投资失败，结果唉声叹气，总担心明天就要破产，带着全家去喝西北风。直到看到女儿也学着自己愁眉苦脸，孙先生才意识到：明天纵然有无穷无尽的烦恼，至少先要把今日过好，把今天的事做好。

人的烦恼没有穷尽，不用等到明天，我们就知道明天一定会有新的烦恼，既然如此，为什么要让它提前来临呢？把今天的事做好，把今天的日子过好，明天的事明天再说，这就是快乐的秘诀。今天还没过完，就担心明天的事，这不是深谋远虑，而是杞人忧天。我们不能逃避烦恼，但也没必要主动去找它，它来了，我们通过努力排除它的根源，再通过自身的心理建设消化它的影响。烦恼不来，就不用整天惦记它，乐观一点，等它来了再说。根据社会学家的调查，人们担心的百分之九十以上的事并未发生，都是人们在自己吓唬自己。整天烦恼的人，实际上是为了百分之十的可能而错过了百分之九十的快乐。

李白说，今朝有酒今朝醉，有人说这是一种及时行乐的思想，但只要不是挥霍青春、浪费生命，及时行乐其实是一句至理名言。

什么是理想的人生？理想的人生是自己临死的时候回想起来，首先涌上身体的是一种安乐的感觉，而不是满满的遗憾。一个人只有认真体会过生命，细心接纳过他人，享受过为梦想努力的过程，他才是充实、快乐的，他的人生才不会留下遗憾。问问自己："我快乐吗？"如果答案是否定的，那就从现在开始体会生命的美好，过真正有意义的人生。

让心中的浮尘随风而逝

因为心中有浮尘存在，所以我们会感到忧虑，只要将浮尘剔除出心灵，我们便能走得坦荡一些。如若不然，只能让我们的心饱受一颗渺小沙粒的摧残。

心里的浮尘要及时清除，否则就像鞋中进了沙粒，会磨坏双脚阻碍你前行。

我们心中有时也会有沙粒存在，心中的沙粒浮尘是心灵健康的隐患，所以要及时清除。它就像鞋中的沙一样，移到心里就衍生出忧虑的情绪。

因为心中有浮尘存在，所以我们会感到忧虑，只要将浮尘剔除出心灵，我们便能走得坦荡一些，如若不然，只能让我们的心饱受一颗渺小沙粒的摧残。

有一个为人们所熟知的勇者登山的故事。这位勇者是人们眼中的英雄，他所向披靡，无所不能，站在制高点俯视众生。

有一次，勇者决定挑战一个极限，去攀爬一座从来没有人登上过的高山。这个决定得到了人们的支持，同时也获得了人们的期待。终于，他整理好行装开始攀爬高山，一路上他遇到了很多艰难险阻，但是他仍然排除万难，勇攀高峰。随着勇者离顶峰的距离越来越近，人们的欢呼声也越来越高，在世人看来，成功已经向勇者伸出手了。

然而结果却让人们意外，勇者没有将自己的手递给成功女神，他中途被迫放弃了。原因也让人们感到不可思议，他放弃最后的成功仅仅因为鞋子中的一颗沙粒。勇者忽略了鞋子中的沙粒，导致脚长时间被沙粒摩擦而发炎，受伤的脚无法支持他到达终点，他只能选择放弃。

一路上不管如何艰难，勇者都坚持了下来，而最终的成功却仅仅因为一颗小小的沙粒而和他擦肩而过。故事到这里貌似结束了，但还有着后续的部分。

几年之后，勇者准备再次挑战，这一次他异常小心，但因过度小心，他产生了忧虑，担心各种客观条件会影响自己的行程让自己再次失败。因

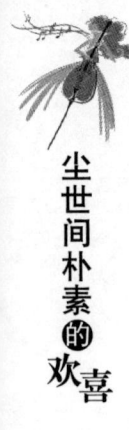

为上一次的教训,这次他异常小心沙粒,几乎每走一段距离就要停下来脱下鞋子倒一倒,即使鞋中没有沙子,他穿起来仍然感觉脚下不舒服。

勇者一路上都在担心沙子会再次跑进鞋子里,以致影响了自己前进的速度,而长时间忍受这种心理折磨的结果就是他不得不主动放弃。这次,勇者的失败没有任何客观原因,而是忧虑对勇者的折磨让他处在了崩溃的边缘,最终只能选择放弃。

因为忧虑,勇者最终没能登顶最高峰。我们有时也会因为过度忧虑而放弃一些本应坚持的事,如此看来,忧虑是我们前进路上最大的敌人。心有忧虑,就难以放开自己的手脚,唯有剔除忧虑,才能勇敢向前。

现实生活中,我们心中的浮尘都是曾经的阴影,因为难以忘却曾经的失败,当再次面临相同的境遇时,心中遗留的沙粒就会作祟,让我们想起曾经的失败,从而畏惧前行。不要太在意心中的沙粒,不要让自己时刻处于忧虑之中,试着淡忘曾经的失败,自然就能够让心中的浮尘随风消逝。

有一个年轻人患上了强迫症,时常感觉到苦闷,却找不到解决的好方法。吃完饭洗碗的时候,他总是觉得碗不够干净,怕碗边残留洗涤剂,因为新闻上说残留的化学物质会危害身体健康,所以他总是把碗洗了又洗。

每天晚上睡觉的时候,他都会起床好几遍,检查门窗是否上了锁,因为他担心会有人入室抢劫,他总是想如果没有锁门,那么他的生命和财产就会受到威胁。

每天出门前,他都要检查好几遍是否带了家里的钥匙,因为如果忘记带钥匙就进不了家门,就要找开锁公司。到了公司,他又要检查好几遍工作,即使是做过的事情也要重复,因为担心会出问题。在认识他的人眼中，他已经有点儿神经质了，他异常忧虑，晚上时常失眠，因为会想到工作、想到门窗……

他感觉自己快要崩溃了，异常痛苦，却不知道应该怎么办。最后他在朋友的介绍下找了心理医生进行心理治疗。心理医生通过对他催眠治好了他的强迫症。

原来，他的忧虑并非空穴来风，在五岁的时候，他曾经因为没有听家人的话，不讲卫生乱吃东西而得了胃炎，那种疼痛让他记忆深刻。在他十岁的时候，因为出门没有带钥匙而在家门口坐到半夜才等到家长回来。12岁那一年，他自己在家，忘记了锁门，于是遭遇了入室抢劫……因此，这些过往都成为"沙粒"留在了他的心里。医生通过开导，使他渐渐放下了这些过往，开始了新的人生。

有的时候，我们自以为遗忘的事情和挫折会成为情绪的一部分而沉淀下来，忧虑就是这些情绪的升华。人难免会有粗心马虎的时候，这会给我们带来严重的后果，它除了让我们接受教训以外，还可能让我们的心灵蒙上阴影。

那些曾经的阴影会实体化，成为心中的"沙粒"，随着时间的流逝，心中的"沙"会堆积，人们的忧虑也就会越来越重。之所以心头会有浮尘存在，是因为人们对发生过的不快存有印象，这只会让自己的心灵再次遭受伤害。所以，心里的"沙"是一定要消除的。

人们有时难免会失策，在这种时候，只要总结经验就够了，无须将这些浮尘珍藏一生。将心做成一个滤网，将那些不起眼的细沙滤掉，才能维护心灵的健康，平和地向前行进。

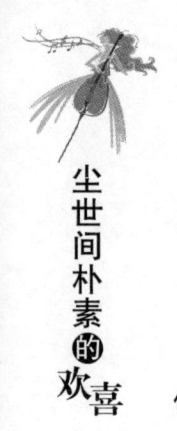

保持自我,体味真正的快乐

基本智慧不是指学业上的智商,也不是指为人处事的精明,而是要学会发现自我。自己是谁,自己想要做什么,自己欠缺什么,都是一个人必须了解的。

佛祖曾给信徒们讲过一个故事,他说:有这样一个人,他有四个朋友。第一个朋友常年陪伴着他,不论他做什么都不会离开;第二个朋友很有权势,人人都羡慕,对他也很好;第三个朋友关心他、爱护他,不论他有什么困难,都会及时出现;第四个朋友似乎很忙碌,但别人完全不知道他在忙什么,有时候他常常出现,有时候却像不存在。

一天,这个人要去远方,想找一个人同行。第一个朋友说:"路途太远,恐怕我不能陪你。"第二个朋友说:"我不去,因为我不属于你。"第三个朋友说:"千里搭长棚,没有不散的宴席,我只能送你到这里。"只有第四个朋友说:"不论你去哪里,我都会跟随到底。"

佛祖感叹,每个人一生都有四个这样的朋友。第一个朋友是人的肉体,第二个是金钱,第三个是友谊,但是死亡的远行一来,他们都要和自己分开。而第四个朋友指的是人的心性,它永远跟随着你。

佛祖的故事是一个寓言,以四位朋友象征了人生的四种拥有——肉体、财富、感情、灵魂。这四种东西都是美好的,但是多数人都更倾向于追求前三者，希望满足肉体的各种欲望，希望手里有大笔金钱，希望自己有很多人喜爱，有很多的感情。人活着，追求的是什么？也许就是这些。但在佛家看来，比起自我，这些都是次要的。

在佛家眼中，众生平等，每个人都是一个完整的整体，每个人的"自性"都是圆满的，因而没有高低贵贱之分。人们钦佩佛家的智慧，就是因为出家人更懂得脱离凡俗，关照自我，他们对自我的要求、发掘远不是常人所及的。而芸芸众生中，懂得发现自我、肯定自我又能超越自我的人，都有一颗慧心。

没有自我是件可怕的事，肉体的欲望能够满足，但没有自我，我们不过是锦衣玉食中的行尸走肉；财富的需求可以满足，没有自我，我们只是保管财富的奴隶；感情的需要也能够得到，但没有自我，我们只是他人的附庸——唯有保持自我的灵魂，才能体味真正的快乐。生命最重要的不是身体上的满足，而是心性上的充实。

一个和尚正在收拾自己的衣服和书籍，因为他被师父委派到一个偏远小镇去当一座寺庙的住持。他的好友惋惜地说："去了那种小庙，这辈子都可能回不来了，你一直是寺里最优秀的人才，要不是得罪了师父，怎么能被派到那种地方？不如你和师父认个错，不然你的大好前程就没了。"和尚却说："我不认为自己有错，为什么要认错？何况前程也不是我该担心的问题。"

和尚去了小庙，每个月他都会收到朋友的来信。朋友表示，师父其实还是很喜欢他，只要他愿意认错，就可以把他召回去。和尚对此置之不理。后来朋友又来信，说师父想推荐他去首都学习，但他必须认个错。和尚又一次表示自己没错。

一年后，和尚被师父叫回寺里，师父说："你既能坚持自己，又不在乎名利，这种素质实在是难得，我想以后，你一定能成为优秀的僧人。明天你就去首都，去跟着更好的僧人学习吧。"

和尚并非不在乎自己的前程，但是为了坚持自我，他宁愿放弃这个机会。不做违心的事，不说违心的话，这就是和尚的选择。为了名利迎合别人，连基本的是非观都没有，这样的人不会有自我，他们只能随波逐流，按照他人的标准生活。这样的人弄不清自己过的到底是谁的生活，也不知道他们的人生意义究竟在哪里。

一个没有自我的人是可悲的，他们的生活常常陷入一种漫无目的的状态中，不知道自己要什么，也不知道满足是什么，只是跟随着别人的脚步走着，或者干脆浑浑噩噩地活着。其实，迷茫的人缺少的是做人的基本智慧。基本智慧不是指学业上的智商，也不是为人处事的精明，而是发现自我。自己是谁，自己想要做什么，自己欠缺什么，都是一个人必须了解的。自我不是空想，自我既需要心性的修为，也需要安身立命的能力。自我必须是由内而外的，既要有思想、有个性，又要有外在的能力，以事业做外延。

生命宝贵，谁也不希望自己有一个庸碌的人生，但大多数人却碌碌无为地过了一辈子，他们总说"很忙"，到最后却发现自己忙得毫无意义，仿佛身体来人世走了一遭，什么也带不走，什么也没留下。

不要让人生有这样的遗憾，要像匠人打磨原石一样打磨自己的心性，做一个与众不同、让人佩服的人，与财富无关，与地位无关，自我才是你今生最大的成就。

聆听我心，领略静谧的魅力

在繁忙琐碎的浮躁时代，独处会留给自己一片安宁的晴空，留给自己一隅思索的空间，让自己成熟和理智，让自己释放和释然。

提到独处，每个人脑海中都会浮现这样的词语："形影相吊"、"孑然一身"、"孤芳自赏"等。这些词语带给我们的是一种被遗弃的冰冷之感，容易联想到失败的人生。

诚然，人们往往把合群看作一种交际能力，但是独处也是一种能力，并且在一定意义上是比交往更为重要的能力。

看看周围，你就会发现，这样的人大有人在。

"你周末陪我吧，我男朋友出差去了……"彩云又打电话给好朋友小翠了，只要男朋友一出差，她不是叫小翠一起出去吃饭，就是一起游玩。理由很简单：每当独自在家时，她就会感到的莫名空虚和焦虑。

小翠很讲义气，每次都会将自己的事情放下，满足彩云的意愿。但是这次公司要求每个人都要加班，她只好拒绝了彩云："我不过去了，你自己看看电影、听听歌不是很好嘛，开心哦。"

无奈地放下电话后，彩云躺在床上，呆呆地盯着天花板，心虚得要命，"该干点什么好呢？""数数吧，1、2、3……"她感觉自己被全世界抛弃了，委屈的眼泪啪嗒啪嗒地掉了下来。

世界太拥挤，生活中也总是充斥着太多的枷锁。独处，并不是非要远离纷繁的市井，走向田园牧歌式的乡村，而是闹中取静，处喧嚣而不慕繁华，在红尘但不陷烟云，居短巷却怡然自得，置陋室却心房飘香。

中国的古人深谙此道。明人洪应明就曾提到自己在夜深人静的时候，经常独自一人静静地坐下。他说，在这种静思中省视内心，能够感知真我，世界上的一切烦恼、俗念、丑恶都会渐渐散去，进而感悟到人生的真谛。

的确，独处不但可以让我们从繁杂的外部环境、纷扰的人事中抽身而出，回归自我的状态，还可以让我们的心呈现一片浩渺的水域，静静地聆听自己内心最真实的声音，平和地体验与理解自我，活出最真实的自己。

在星光灿烂的明星圈里，她羞涩安静，干净清爽，与众不同，她在很多人心目中是清纯玉女的代表，并与林青霞一起被网友评为"半个世纪来最有气质的女星"。她就是袁泉，一个喜欢安静独处的女人。

谈及独处，袁泉这样说道："我喜欢安静地独处，尽管有爱相伴，但独处是自己最舒服的状态，感觉其实挺美好的，能从中体味出一些好玩的事情。我就会一个人待在房间里听音乐，其实也许什么都没有想，但那是一种享受。"为了表明自己的态度，她还发了一张名为《孤独的花朵》的专辑。

正是因为秉承着独处，袁泉始终没有让自己受到演艺界急功近利、心浮气躁的气氛影响，也始终没有让名利磨去她身上那些单纯的东西，她的内心产生了一种无比强大的力量，令观众们为她惊叹、为她陶醉。

正所谓宁静以致远，在繁忙琐碎的浮躁时代，独处会留给自己一片安宁的晴空，留给自己一隅思索的空间，让自己成熟和理智，让自己释放和释然。独处如此美妙珍贵，聪明的你又怎么可以放弃这样的优待呢？

在竞争激烈的现代社会，很多人忙忙碌碌，几乎没有一分钟是清静、清闲的，独处就显得更加重要了。每天为自己留出十分钟，这个时间不会很短，也不会太长，我们能够承受得起，也能够消受得起。

不管外在的世界如何喧闹，每天为自己留出十分钟，让自己有一片清静的天地，使心灵更加畅快愉悦地呼吸吧！至于在这个时间段干什么，倒是没有必要跟别人去学，自己随意支配，让身心放松，或者默默地冥想，或者什么也不想，或者阅读一本书、看一场电影，或者整理一下衣橱、做一次大扫除……

无论身在何等的喧哗中，如果你能够安然享受独处的时光，回归真实自我的状态，那么你就如同梭罗建在郊外的小木屋，陶渊明篱前盛开的菊花一样挣脱了所有的束缚，散发出一抹散不去的生命馨香。

看透了也就看开了

经历沧桑之后，最重要的是看透。看透人世的纷繁，看透人与人的冗杂，看透追求背后的目的，看透每双眼睛后面有一颗怎样的心。

一位禅师路过一座山，看到一位老农正在地里睡得酣畅，身边一头瘦牛在悠然地吃着草。禅师刚好也要歇脚，就在树下打起了盹儿，醒来时刚

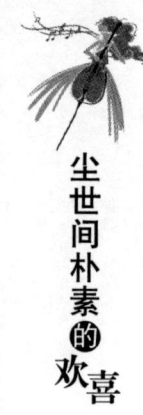

巧农夫也醒了,两个人便聊了起来。

农夫说到最近官府修了条官道,村里的人都把锄头换成远行的驴子,从山里运矿石等物去卖,换回来绫罗绸缎,很多人如今不再种田,住上了大房子。禅师问:"既然如此,你为什么不这样做,反而在这里耕田?"

"你说,他们赶着驴子,风雨兼程走山道去城里是为了什么?"

"当然是为了能够悠闲自在地生活。"禅师回答。

"那么,我现在的生活难道不悠闲吗?"农夫说着,再次睡了过去。禅师恭敬地行礼,说:"今日才见真智者,请受贫僧一拜。"

老农一辈子耕种土地,看到了发财的机会也不愿去拥有。因为他知道,所有的追求不过是为了一份安乐的生活,只要心中安然,卧在地头睡觉与躺在豪华的房子里并无区别。禅师所敬佩的,正是这种看透世事的心胸。比起那些为了金钱蝇营狗苟的人,这位酣然入睡的老农实在是个高明的智者。

经历沧桑之后,最重要的是什么?看透。看透人世的纷繁,看透人与人的冗杂,看透追求背后的目的,看透每双眼睛后面有一颗怎样的心。我们常常说那些老人见识多,看别人几眼就能把这个人的个性、缺点说得十足,就是因为他们看得多了,知道某一种眼神代表的是什么,某一种行为反映的是什么习惯,每一句话背后又有什么样的含义。沧桑给人的最大礼物恐怕就是这种"看透的智慧"。

看透别人固然重要,而看透自己更为可贵。人生一开始一直都在做加法,给自己附加各种能力与头衔,就像把一个空屋子里放满各种各样的家具、花卉、摆设,以为这就是成功。看透的人却开始做减法,他们把屋子里的东西能送人就送人、能丢掉就丢掉,最后剩下那些最重要的和必需品，看上去清爽开阔。这时候他们的心灵也变得清明一片，很少有烦恼能够打扰到他们。

看透并不意味着虚无，不是说房子先塞满东西再减少东西就是做无用功，就是徒劳，还不如一开始就不去做。看透的人从不否认自己的努力，也不认为那些事没有意义，他们仍旧会鼓励年轻人去填满自己的屋子。他们的看透，是在长久的感受和琢磨中看到了自己不需要的部分，看到了太多只是负担的附加物，然后有选择性地开始舍弃。但不代表那些东西不好，也不代表他曾经的感情是错的——时移世易，仅此而已。

一艘轮船从旧金山开往伦敦，海上突来的大风暴让轮船颠簸摇晃，似乎马上就有沉船的危险。惊慌的人群中，一位高龄老太太不慌不忙地提醒人们照顾好自己的孩子，不要让他们害怕。大约过了一个小时，风暴才平息，轮船终于恢复了平稳。死里逃生的人们舒了一口气，他们发现老太太自始至终神色如常，不禁佩服她临危不乱的能力。

老太太笑着说："我只是一个没上过学的普通村妇，哪里有什么能力。只是，我有两个女儿，大女儿前年已经去世，二女儿住在伦敦，我正要去伦敦找她。如果轮船失事，我不过是去了大女儿那里，又有什么不一样呢？"这番看透生死的言语，让在座的乘客肃然起敬。

看透的最高境界，就是看透生与死之间的距离。生是忧患，死是最后的沧桑，生死之间，相距不过一秒，这短短的时间，多少人留恋，又有多少人释然。即将沉没的船上，老太太看到的不过是家常一样的事实：我要和一个女儿团聚，也许是天堂的那个，也许是伦敦的那个，不论如何，都是值得庆贺的团聚。

看透生死的人面对死亡的时候想到的不是遗憾，而是圆满。他们的一生固然不是十全十美的，甚至可能还有许多遗憾。但是，在死亡来临时，他们更愿意想那些让他们觉得幸福的事，回想他们得到过什么。有智慧的人不必等到死亡来临才大彻大悟，他们早就知晓了自身的一切，随时能够应对命运的改变。

　　人的心就像是一面镜子，有智慧的人会时时擦拭镜面，让心灵完整地照出自己的优点缺点、厌恶喜好；而那些忙忙碌碌却不知为何忙碌的人，他们的心上落满灰尘，或者发生扭曲，看到的总不是完整的自己，或者夸大，或者缩小，换言之，他们看到的并不是真实的自己。只有历尽沧桑的人，才能吹开镜子上的浮尘，看到最真实的自己，尽管他们可能已经苍老，也可能遭遇诸多坎坷，但在想开的那一刻，他们懂得了什么是自我、什么是生活。

第五章　心定，世事变迁我心依旧

心定之人无论沧海桑田如何变幻，无论人间世事如何轮转，唯心不变，物转星移，似水流年，欣然接受改变，坦然面对得失，依然稳如泰山。

风浪再大也不要乱了方寸

沉稳代表的是一种成熟，一种经过大风大浪才能磨砺出来的气度。沉稳的性格不但会让你散发领导者的气场，还会让你更有魅力，更让他人想要了解你、接近你。

人们有时候会由衷地佩服那些有城府的人，尽管也曾对他们颇有微词，因为在生活中，这些人沉默，想事情想得太多，交往起来有些没底，这类人什么事都计算分析得清楚，让人觉得不亲近、不自在……总之，有城府的人让人摸不透，缺点亲和力。

但是，一旦涉及正事，有城府的人立刻显现出了他们的优势：沉默、

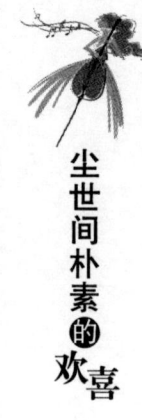

不会意气用事和过于激动；事情考虑得周密，有计划性，不会轻易吃亏；什么事都计算分析得清楚，所以总能找到解决问题的合理方法，比别人更先一步出手……总之，他们知道什么时候该说话、该行动，什么时候应该闭嘴观察局势，谋定而后动。给有城府的人带来这些益处的，其实是他们性格中的"稳定因素"。

在生活中，有稳定性格的人常常扮演领导者的角色，他们在任何时候都能理性地思考事情，并能做出准确的判断，而不会为一时的情绪迷失方向，或为一时的脾气打乱全盘计划，他们做什么事都不慌不忙，其实他们也会紧张，但他们从容的心态可以把棘手的事情变得清楚分明，让一团乱麻变得充满条理。这种稳定和个性有关，更需要一定的历练，可以有意识地培养。

一家销售公司的王牌销售员正在给他的徒弟们传授经验，他对徒弟们说："当你急于卖出一套设备而对方又表现出一定的购买兴趣时，要记住：沉住气，沉住气才能卖到最好的价格。"

从前，这位王牌销售员也是个愣头青，对那些"大刀阔斧"砍到最低价的买主很没办法，常常以较低的价格卖出设备，所以他的提成奖金一直不高，他认为自己不适合做销售员，准备改行。在做最后一次销售时，商品是一套底价为25万元的设备，想到马上就要辞职了，于是销售员不再像以前一样和顾客讨价还价，而是冷静地听着顾客对这套设备的挑挑拣拣。最后，沉不住气的顾客以35万元的价格买走了设备。

经过这件事后，销售员立刻打消了辞职的念头，他发现那些喜欢挑拣讲价的顾客才是潜在的买主，只要比他们更能沉得住气，多数情况都能卖到好价格。靠着这条销售秘诀，销售员的业绩一路高升，成了公司的销售主力。

人的性格并非一成不变，脾气也不是不能改变，关键是你愿不愿意"定"住。故事中的销售员是个幸运者，他并没有察觉到自己的问题，却在无意之中发现了成功的秘诀。成功不是天天努力、天天着急就能得到的，它既需要你挖空心思，又需要你稳住自己。

人与人、人与事较量的不只是智力，还有耐力。你越稳当，别人越不知道你的底细，就会越慌乱。沉稳的下一步就是果断，在别人慌神的时候，你抓住机会，一击即中，成功就是你的囊中之物。紧急情况虽然常常出现，但你的沉稳会让你冷静面对、寻找机会，这就是古往今来成功者多为沉稳者的原因。那么，如何增加自己性格中的稳定因素呢？

1. 确定自己的接受底线

如果加以训练，每个人都可以让自己比平时更沉稳，而沉稳不是放弃，它也有一个接受度，一旦没有了底线，就和不作为没有任何区别了。每个人心中都有这样一条线：可以接受什么、接受到什么程度，一旦超出接受范围，沉稳就不复存在。而这个底线往往很宽泛，能够保证你比一般人更有接受能力，也就更有成功的可能。

一旦你确定无法接受某件事时，果断放弃就成了另一种沉稳，没有必要为无意义的事情拖延，那只会浪费你的时间与精力。放弃的时候更不要慌乱，即使那意味着无比麻烦的重新开始，也好过徒劳无功。

2. 不要轻易更改说过的话

对稳定最好的锻炼就是言出必行。说过的话就不要更改，一定要做到底。有时候，你会觉得这是不知变通，让自己吃了大亏。但是，吃亏才能让你真正吸取教训，在下一次说话之前想到上次的失败，你会更加谨慎、仔细地考虑计划的每一个细节。如此几次，你就已经初步具备沉稳的性

格,至少不会随口胡说,也不会随随便便去做那些超过自己能力范围的事,这就是一个巨大的进步。

3. 困难的时候告诉自己坚持下去

坚持是稳定的基础,也是成功的关键。很多事情看似困难,却能在坚持中获得突破。如果选择放弃,就失去了成功的所有可能,所以困难的时候一定要告诉自己坚持下去,这是一种缓慢而有成效的性格培养,从心理上形成有始有终的惯性,遇到什么都不放弃,这种性格一旦渗透到事业中,会让你如虎添翼。

沉稳代表的是一种成熟,一种经过大风大浪才能磨砺出来的气度。沉稳的性格不但会让你散发出领导者的气场,还会让你更有魅力,更让他人想要了解、接近你。想要形成沉稳的性格需要长期的磨炼,不必惧怕生命中各种形式的苦难,坦然一点,成熟一些,不论成功还是失败,都会让你拥有更多的能力和经验,让你在下一次遇到困难的时候更加气定神闲、无所畏惧。

笑到最后才是最大的赢家

过分骄傲最大的危害就是故步自封,这类人看不到自己的劣势,以为自己已经做到了最好,也看不到别人的进步。如果你不能加快步伐,很容易就会被别人甩下。

在生活中,我们常常看到骄傲的人,他们往往有一些优点和成绩:或者长相姣好，或者家境不错，或者成绩优良，他们不喜欢和普通人交往，对待那些优秀的人，他们能保持客气，而对待普通人，他们的眼睛像是长在头顶上，说话做事都带着傲气，认为所有人都不如他们。这样的人自然也是别人嫌恶的对象，对待他们，人们会自动忽略他们的成绩和优点，只盯着缺点，认为他们不过如此。

有城府的人不会让自身的缺点干扰自己的行为，他们最先克制的个性就是骄傲。人都有骄傲的资本，有时甚至相信"骄傲使人进步"，但是不能错误地把过分骄傲看作是自信，没有看到骄傲的片面性。骄傲者总是拿自己的优点比别人的缺点，这样一来，自己的优点显得突出，甚至盖过了自己的缺点，于是他们更加沉浸在优秀的幻觉中，忘记了人外有人、天外有天，也忘记了每个人都有自己的优点，那些被他们轻视的人其实不比他们差。

常言道："骄兵必败。"过分骄傲容易招致失败，此时骄傲，是因为你处的环境显示出你的优秀，如果换一个更大的环境，你未必有优势。就像一个区的尖子生，考上了省级重点高中，他会发现自己的成绩总是位居末位。这个时候骄傲心理就会让他无法承受巨大的心理落差，导致厌学和自卑。与其如此，不如平时就保持一颗平常心，公正地看待自己，也公正地看待他人。

一位父亲正在为教育女儿烦恼，他的女儿今年只有13岁，也许是家庭条件好，加上父母溺爱，小女孩年纪不大，心性却不小，平日眼高手低，从来不把别人放在眼里。

也难怪，这个孩子头脑聪明，人又漂亮，从小学习就好，还一直是学校的大队长，她的确有骄傲的资本。父亲觉得小孩子眼界开阔一点、自信一点是好事，所以以前虽然知道孩子骄傲，却也不怎么说她，但最近的一件事却让父亲改变了想法。

事情发生在一个星期天，父亲教女儿学骑自行车，女儿上手快，没多久就掌握了要领。那条道上没什么人，还有另外几个孩子也在练习骑车，女儿指着其他几个孩子对父亲说："那些笨蛋，也好意思出来骑车！"父亲没想到女儿已经骄傲到了这个程度，留心观察之后发现，女儿说起其他人来都是一副轻视的口吻，这让父亲大大吃不消：自己的女儿怎么会变成这个样子？难道真的是受的打击太少？

过分骄傲是一种以自我为中心的心态，过分骄傲的人会漠视别人的成绩，天长日久，这种漠视也会成为一种习惯，即使别人真的有了什么成绩，他们也会看不起，这就极大影响了他们的提高。过于认同自己、无法认同别人的人，无法更好地提高自己，无法欣赏别人的优点，也就失去了一个良好的学习机会，这是他们的个人损失。

一个有城府又有智慧的人不会小看任何一个人，而会保持谦虚的态度，遏制自己心中的骄傲。他们不会让自己用片面的眼光看待别人，或者说，他们更愿意忽略他人的缺点，更多地盯着值得自己学习的地方。他们愿意赞扬对手、赞扬他人，并把赞扬的对象当作自己的学习目标。那么，如何克服自大呢？

1. 开阔眼界，明白强中自有强中手

有时候，自大并不是因为自我意识过剩，仅仅是因为眼界不够开阔，在自己的小圈子里待久了，什么事都是第一，难免滋生骄傲情绪，这时必须把目光放得更远，看看外面的世界，看看那些真正的成功者取得了怎样的成绩，通过自我比较就很容易找出自己的缺点。

自我比较有两种：一种是横向比较，不但要和自己周围的人比，还要和大规模范围内的人比，如此总能遇到年龄、资质和你相当却比你做出更多成绩的人，这时候你就能明显地看到自己的差距，然后学会谦虚；还有一种是纵向比较，就是和历史上的名人进行对比，当你取得一定成绩，高兴之余不妨看看那些名人在你这个年纪时取得了什么成就，就能产生紧迫感，再也不敢炫耀。

2. 要看到个人对团体的依赖

骄傲有时来自对个人力量的迷信，这个时候，你适合投身到集体协作之中。在集体中，你会发现一个人的力量虽然是重要的，但远远不是全部。你还会发现那些你平时轻视的人能够做一些你根本做不好的事。当你真正和别人组成一个整体时，你会发现每个人都有自己的特点，你只是这些特点中的一个，并没有那么了不起。这时候你无法再夸大自己的才能和力量，将会懂得欣赏他人的优点和付出。

3. 要记住别人超过自己的地方

对付骄傲最有效的办法是正视他人的优点、学习他人的优点。如果你愿意静下心观察，就会发现每个人身上都有值得你学习的地方，每个人都有不可多得的优点。如果你放下身段虚心请教，你会得到很多靠自己无法获得的知识，所以人们才说"海纳百川，有容乃大"。

过分骄傲最大的危害就是故步自封，看不到自己的劣势，以为自己已经做到了最好，也看不到别人的进步。如果你不能加快步伐，很容易就会被别人甩下。当别人都在弥补自己的缺点的时候，你千万不要自大自满，以为自己到达了顶点，要记得来日方长，笑到最后的人才是赢家。

淡定面对一切

想要拥有一个轻松的人生,首先要将困难看"轻",淡定面对一切,在紧急关头不能失控,即使失败也不能失态,只要你端正态度,就能看到更多美好的可能。

不论是电影还是小说中,我们常常会看到这样的场景:灾难即将来临,每个人都慌慌张张,只有一位大将军(侠客、英雄、智者)站在人群中,面色淡定,看上去无所畏惧,别人看到他这么镇定,逃跑的脚步也慢了下来,至少变得更有秩序。他们对这个淡定的将军(侠客、英雄、智者)充满敬佩,认为他是真正的豪杰,不论心胸、眼界还是能力都在万人之上,还少不了歌颂几句。

镜头一转,灾难过去了,将军(侠客、英雄、智者)挥别了欢呼的人群,回到自己家里,长叹一声,对自己的亲信(亲人、朋友)说:"吓死我了!今天真危险!"原来这些临危不惧的人也和普通人一样,在灾难到来的时候也想逃跑,也会害怕,他们的内心世界远不如看上去那么平静,不过这丝毫不减损他们的形象,反倒让人觉得他们更加真实可亲。

分析这些人的表现,我们可以得出这样一个结论:那些看上去很有城府的人,为什么任何时候都能够淡定?其实他们大多是假装淡定。他们知道事情躲不过,总要去承担,干脆来个不闪不躲,表现出毫不在乎的样子,以这种高姿态面对灾难,有时候灾难倒会被他们的勇气吓得无影无踪，因为在很多时候，"狭路相逢勇者胜"就是一条真理。

一个刚刚毕业的电影学院的学生正在参加演员选拔，他很想在一位名导演的新片中得到男配角的角色，可是看到选拔现场密密麻麻的人头，他在心里打起了退堂鼓：这么多人参加选拔，其中不乏著名演员，自己还能有机会吗？

导演亲自监督选拔，他将报名的演员筛选一番，又让他们分组进行试演。毕业生不断鼓励自己："淡定点，没什么大不了。"他和几个人完成了导演的要求。选拔结果很快就出来了，毕业生没有得到想要的角色。不过，导演却留下了他的联系方式，并对他说："你的表演状态很轻松，不像新人那么僵硬，可塑性很强。这个角色不适合你，以后有适合你的角色，我会主动跟你联系。"毕业生没想到自己佯装淡定会带来这么好的表演效果和运气。

明知道自己会失败，却硬着头皮上阵，反倒更容易放松，这就是传说中的"置之死地而后生"。在紧要关头，最要紧的心理素质是冷静，最让人欣赏的外在态度是淡定。淡定是一种效果、一种态度、一种能够接受失败却仍然愿意继续尝试的积极精神。

不能做到真淡定，不妨装淡定，在紧急情况面前，要让自己当一次演员。问问你自己究竟害怕什么，反正事已至此，就把该做的事继续做下去。这个时候，淡定已经"弄假成真"，你已经恢复了平日的轻松，很容易正常发挥，甚至超常发挥，而结果通常都不会太坏。想以轻松的姿态迎接挑战，不妨用以下方法：

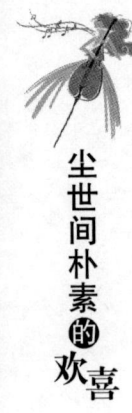

1. 运用精神胜利法

一些人不提倡使用阿Q的精神胜利法，但是如果加以发挥，它也可以成为一种心理安慰法，保佑你度过紧张时刻。只要结果是好的，这种取巧的方法但用无妨，只是要记得自己的目的是胜利，而不是精神胜利，否则你只能得到空虚的满足。

运用精神胜利法首先要在心态上将自己当成一个胜利者，在战略上藐视困难，在战术上正视困难。要把困难看成自己面前的一颗白菜，告诉自己这不是一件困难的事，自己一定能做到，并将自己往日的成功经验作为自信的佐证。这时候，你就能鼓起勇气迎接挑战，不会倒在挑战面前。

2. 考虑到最坏的结果，告诉自己没什么大不了

面对挑战，人人充满激动和担心，激动自己可能会获得的成就，担心自己可能遭遇的失败。想要在这个时候淡定，就要事先想想什么是最坏的结果：是失败吗？是失去金钱吗？是失去他人的信任吗？每一次失败都会伴随着失去，但成功就是由一次次失败累积而来的。在那之前，失败成了一种必然，只有量多量少的区别。

如果想明白这一点，就已经做好了接受最坏结果的心理准备，这个时候，你还担心什么？最坏"不过如此"，于是你的心跳平复下来，注意力逐渐集中，不再为成败分神。这时，成功已经看到了你，开始向你招手。

3. 硬着头皮也要撑住，失败不失态

淡定只是一种态度，并不能左右最后的结果，当你尝试了、努力了之后还是失败，一定要记住——这个时候更要淡定！不要捶胸顿足、痛哭流涕。当你以淡定的态度面对失败时，即使那些成功者也会为你散发出的成熟气场倾倒。

想要拥有一个轻松的人生，首先要将困难看"轻"，淡定面对一切，

在紧急关头不能失控，即使失败也不能失态，只要你端正态度，就能看到更多美好的可能。无论什么时候，淡定都是一种沉稳、积极、理性的态度，它既能让你恢复自身的冷静，又能震慑你的对手、说服你的同伴。

冲突面前以"忍"取胜

> 避免正面冲突，克制与忍耐是唯一的办法，要讲理，就要等到对方发泄之后，要公正，也要等到对方息怒之后。要知道，对方只是冲动，你不回应就不会变成冲突。

在人与人的对立中，杀伤力最大的莫过于正面冲突。正面冲突有两种：语言冲突和武力冲突。语言冲突表现为两个人对叫对骂，武力冲突则由对叫对骂升级为对打。正面冲突一旦发生，就会对双方形象造成很坏的影响，也会让两人的关系变得难以弥补。更糟的是，正面冲突只会激发早已存在的矛盾，并将它扩大。

以和为贵是一种成熟。尽量避免与人发生正面冲突，不论对骂还是对打，不论自己有理没理，不良后果都要由双方共同承担，自己还可能是无辜的那一个。不如在冲突发生时忍耐一下、退让一步，让对方发泄了自己的脾气，然后再寻求解决问题的办法。不然火药碰炸弹，杀伤范围成比例增加，实在是让人吃不消。

避免正面冲突，克制与忍耐是唯一的办法，要讲理，就要等到对方发泄之后，要公正，也要等到对方息怒之后。要知道，对方只是冲动，你不

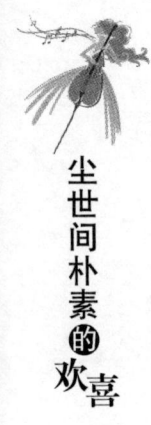

回应就不会变成冲突，你一回应才会变成大事。不要认为避免冲突就是懦弱怕事，比起一时冲动造成的严重后果，你会感激自己的"怕事"，这种无意义的"事"，谁都会怕，特别是有头脑的聪明人，一定会绕着走，碰也不碰。

在美国当总统不是一件容易的事，总统一方面要处理国家大事，另一方面要不断应对来自议会的弹劾，有时候甚至要面对议员的怒骂。而总统们大多不与议员发生正面冲突，总是极力忍耐，等到对方发作完才做出解释。有这种平和的态度，往往更能得到民众的好感。

美国第25任总统威廉·麦金莱就是这方面的楷模，即使被人当面辱骂，他也会耐心地等对方说完，再以温和的口吻对对方说："如果你能够平心静气，我愿意详细给你解释这件事……"这种个性给民众留下了深刻的印象。如果每个人都能懂得如何回避正面冲突，就能够极大地减少人与人之间的矛盾。

人们想要避免正面冲突，是因为正面冲突有时候会由"事情"变成"事故"，而且正面冲突很难控制，两个人面对面，你一言我一语，情绪越来越激动，而且在旁人面前，谁都怕首先示弱，被人看作胆小鬼，就算心里知道该马上结束冲突，也会因为面子而硬着头皮继续硬干。有时候，冲突是被环境逼的，想要避免冲突，首先要解决发生冲突的土壤，即自己的心境。

受不了别人的重话、受不了旁人似是而非的怂恿、受不了当众下不来台等，这些都可能让自己情绪失控，与他人发生激烈争执。想要避免正面冲突，首先要知道在什么情况下人与人容易发生正面冲突。以下情况可以供你参考：

1. 原则冲突

原则冲突是不可调和的冲突，这已经不是个人见解不和的问题，而是一种人生观上的违背，互相理解的可能性极低。但是，原则说穿了是个人的一种选择，各自走各自的路，谁也挡不住谁，最多是看不惯对方。在多数情况下，没必要因为原则问题发生正面冲突，因为不管冲突多少次，你依然是你，别人依然是别人，你们依旧没有调和的可能，只是伤筋动骨，让双方都劳累。

2. 利益冲突

比起原则冲突，利益冲突有更多的可协调性，因为利益不存在绝对值，它可大可小，而且有长线效应，也就是说一时利益小了，把目光放长远，累积起来的小利益就会变成大利益。这时候，谁也没必要因为一时的利益争执不休，如果实在谈不拢，干脆放弃合作或各凭实力。最好的方法当然还是寻求共同利益的部分，彼此在能够允许的范围内退让几步。

3. 性格冲突

比起原则冲突、利益冲突，性格冲突既有不可逆转性，又有更大的可调和性，因为就算人们看一种性格不顺眼，依然有极大的共存可能，人的性格只要不那么过火，都能被旁人接受，谁没有性格呢？实在接受不了，大不了老死不相往来，不必撕破脸，让对方难堪。

何况人的性格都是多面的，某个人的某一面性格让你觉得无法忍受，等你深入了解后，又会发现他的另一面性格让你爱不释手。这个时候，你是因为不喜欢的部分放弃这个人，还是因为喜欢这个人而包容你不爽的部分呢？大部分人都会选择后者。而且一旦有了感情，你对曾经不喜欢的那部分也会有新的认识，甚至看到讨喜的一面，觉得过去的自己太过主观，

形成了偏见。

4. 意外事故

意外事故不可把握，来得突然，冲突双方即使有涵养也很成熟，在突发的情况面前难免失态。失态不要紧，关键是不要一直失态，要迅速恢复到平日的水准，与对方协商解决问题，必要的时候可以为自己的失态向对方道歉。

面对突发事故，人们最初都会气急败坏，冷静下来之后就会变得通情达理，只要你不再纠缠，别人也不会非要和你争个面红耳赤。

避免与人发生正面冲突，最需要的是一种忍耐的意识和一种忍让的态度，你的忍让可以让对方看到你的诚意，反思自己，从而增进彼此了解、和睦的机会；你的忍耐可以让自己以理智看待事情，不会因一时激动发生偏差，影响全局。

别让怒气冲昏头脑

如果你生气时都能保持冷静，相信你必能收获一颗如莲花般清雅脱俗的心，和风细雨地化解和别人的矛盾，并且在思想境界上得到极大的提升。

人与人之间的相处需要宽容和冷静，当我们和周围的人因为某些因素出现矛盾的时候，就需要我们更加努力让心静下来，舍弃心中的怒火，切勿意气用事，然后心平气和地看待事情，冷静、理智地处理矛盾。

要知道，怒气无法解决任何问题，只会伤害到别人的感情，使他们对你敬而远之，或者嗤之以鼻；一时发泄的痛快也不能给我们带来任何的快乐，只会让事情越变越糟糕，我们内心将更受折磨。

有一次，在前方征战的拿破仑得到消息，说他的外交大臣塔里兰勾结外敌密谋造反，于是他匆忙从西班牙赶回来，立即召集所有大臣，心想：我一定要揭穿塔里兰这个家伙，要狠狠地数落数落他，让他回心转意。

在会上，拿破仑一看到塔里兰就压制不住心中的怒火，他不管周围的其他大臣们，只是愤怒地看着塔里兰一个人，恨不得用自己眼中的怒火将塔里兰化为灰烬，可是塔里兰却没有任何反应。这时候，拿破仑再也控制不住自己的情绪，走近塔里兰说："有些人希望我马上死掉！"

塔里兰的确在密谋造反，但他深知拿破仑的性格，他想故意激起拿破仑的怒气，让他发火，从而让他失去领导者的权威，所以塔里兰依然没有任何异常的举动，只是用疑惑的眼神看着拿破仑。终于，拿破仑的怒火像火山一样喷发了，他冲着塔里兰大喊："你的权力是我给的，你的财富也是我给的，你竟然背叛我，你这个忘恩负义的家伙，没有我你什么都不是，你不过是一坨狗屎，我再也不想见到你。"说完他拂袖而去。

塔里兰依然镇定自若，等拿破仑走后才站了起来，一脸平静地对其他大臣说："我们伟大的皇帝今天是怎么了，他为什么对我如此暴躁？我可没有做什么对不起他的事情。或许，是他心情不好才会这么没有礼貌。"

看到这样的场景，大臣们觉得拿破仑开始走下坡路了。拿破仑的怒气让他失去了一个领导者应该有的权威和肚量，这影响了人们对他的支持，最后他因此丧失了主宰大局的权力，从而让塔里兰的阴谋得逞。

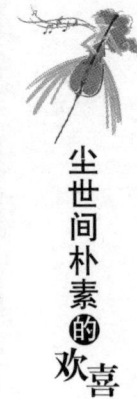

拿破仑没有抑制心中的怒火,对塔里兰大肆发火,结果失去了一个领导者应该有的权威和肚量,失去解决问题和冲突的良好机会,导致自己处于孤立无援的境地,权力也因此而风雨飘摇,真是可悲可叹!

美国生理学家爱尔马通过实验得出了一个结论:如果一个人生气十分钟,其所耗费的精力不亚于参加一次三千米的赛跑;人生气时,很难保持心理平衡。

既然如此,何必动怒呢?不妨学着让自己的心静下来,经常告诫自己要理智、冷静,就更容易平息情绪、心安神定。只有在这样的心态下,我们才能和风细雨地化解矛盾,换来从容淡定的人生。

一个大庄园里有十几个长工,他们闲来无事常常坐在一起开玩笑,有时玩笑过火了就会起冲突。很多时候,冲突过后他们谁也不搭理谁,还会将怒火发泄到工作中去,结果将农田弄得一团糟。

有这样一个人,每次当他和别人发生争执的时候,他便以很快的速度跑回家去,绕着自己的房子和土地跑三圈,跑得气喘吁吁,然后再回来继续工作,就像什么事情也没有发生过一样。这样次数多了大家都很好奇,于是都询问这个人这到底是怎么一回事,他每次都笑而不答,众人也理不出个头绪。

由于这个人鲜少与人结怨,又踏实能干,薪水涨了又涨,房子越来越大,土地也越来越广。但不管他的房子和地有多大,只要与别人争论生气时,他还是会绕着房子和土地跑三圈。渐渐地,他很老了,但还是会与人发生矛盾,这时候他还是会拄着拐杖,艰难地绕着房子和土地走。

有一次,这个人又生气了。当他在孙子的搀扶下,拄着拐杖绕着房子和土地,喘着气走完三圈时,孙子终于憋不住了,问:"爷爷,明明是对方的错,你为什么要这样惩罚自己呢?您可不可以告诉我您为什么要这样做?"

禁不起孙子的苦苦哀求,这个人终于说出了隐藏在心中多年的秘密。他说:"我这不是在惩罚自己,而是解脱自己。我一边跑一边想着自己的房子这么小、土地这么少,哪有时间、哪有资格去跟人家生气呢?等跑完了,我心中的怒火就消失得无影无踪了,心也平静了下来,便更有精力工作了。"

很多人不可避免地会有怒气,而做事不理智、处事不冷静的后果极其严重:因为老板的一句无心之语,意气用事,盲目地提出辞职;为了一点小事、一丝隔阂而冲动、发怒,闹得夫妻不和,最后分道扬镳……

做到平心静气绝对是一种高深的境界。如果你每次生气时都能像故事中的这个人这样做,相信你必能收获一颗如莲花般清雅脱俗的心,和风细雨地化解和别人的矛盾,并且在思想境界上得到极大的提升。

你希望自己不被怒气冲昏头脑,更少出错吗?你期待自己的人际关系更加和谐吗?你渴望能更顺利地到达成功的彼岸吗?那么,务必学习在盛怒之时让自己的心静下来,守住一颗理智冷静的心。

学会给自己的怒气降温

聪明人最怕情绪失控,害怕做出自己意想不到的事,他们会让自己冷静、再冷静,克制、再克制,拥有一份理性的心态。

人活于世，谁也不能说自己从来没有生过气、完全没有脾气。情绪本来就是生活的一部分，每一件事情经过我们眼中被我们用心思索，都会产生一定的情绪，我们需要做的不是克制情绪，而是克制不良情绪，不要让那些负面情绪影响我们的心灵，干涉我们的生活，让我们变得暴躁悲观、冲动易怒。由此可见，生气也有学问。

情绪化的人一生气就想发泄，或者对自己，或者对别人，发一顿脾气后，他们心情就会大好。如果这怒火指向自己，则可以将其内部消化，一旦指向别人，就可能会给别人带来困扰或伤害。其实，生气的解决方法不能只靠发泄，克制才是对抗怒气的最好手段。

思想成熟的人会下大力气提高自己的克制能力，他们明白人生就像大海里的航船，思想就是船上的舵，而情绪就是握住舵的双手，能不能将船驶向自己想要的方向，全靠情绪的掌控。如果任由情绪蔓延，偏差就会出现，偏差小了，只是多走一些路；偏差大了，也许会走向自己根本不想去的地方，甚至会面临灭顶之灾。所以，聪明人最怕情绪失控而做出自己意想不到的事，他们会让自己冷静、再冷静，克制、再克制，拥有一份理性的心态。

十年前，一个很有艺术细胞的青年想成为一个作家，他写了一封信给一位知名作家，希望得到他的指教。一个月以后，作家的回信才被送到青年手中，青年一看回信就火冒三丈：作家没有给青年提出任何关于写作的建议，而是将青年信中的语法错误、句子错误用红笔画出，还列出了几个错别字。

骄傲的青年想回信讽刺作家一番，他在花园里走来走去，想着这封信的措辞。被风吹了半个小时，他的头脑终于清醒了一些，想到作家在百忙之中还给自己修改文法、指正缺点，虽然他提出的问题可能不合自己的意思，但初衷不也是为了帮助自己吗？

于是，青年给作家回了一封感谢信，谢谢他对自己的指正。作家见青年虚心肯学，不由对他多了几分好感，此后也经常对青年指点一二，让青年受益匪浅。

青年人想要得到作家的指点，得到的却是不留情面的批评，起初青年人想要发火，冷静下来之后却写了一封感谢信，这就是一个心理成熟的过程。面对批评和非议，你可以选择大发雷霆，也可以选择虚心接受，哪一个能带来更多的好处？平心静气地想一想就不难回答，不论起因还是结果，克制远远好过无意义的发泄。

思想成熟的人擅长克制自己，因为想要做一件事情，不论遇到什么都不要忘记自己的初衷，为了达到目的，忍受途中的怨气与怒气，当火气升高的时候，理智会给自己一杯冰水，提醒自己不要焦急，也不要愤怒，冷静地思考才能找到最好的出路。那么，如何在怒到极点的时候给自己的怒气降温呢？这是一个心理上的渐进的认识过程。

1. 温和的回应比愤怒的回敬更有效

彬彬有礼的人不容易与人冲突，即使他们受到冒犯，也会审时度势，客观地分析问题。他们把礼貌与温和当作自己的习惯，对待反对者也是如此。而且，没有比温和的回应更好的办法。温和，保持了个人的风度和礼节，在任何时候都不会让人抓到把柄；温和，有助于事情的解决，即使事情迫在眉睫；温和，也让人与人的关系从剑拔弩张到缓和。俗话说，伸手不打笑脸人，你有礼貌，多数人自然不好意思撒泼。

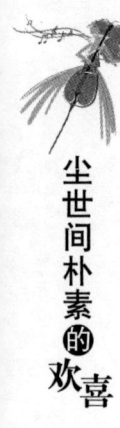

2. 保持理智才能保证自己正确

事实表明，一个人对事物的认识越全面、越深刻，他的"怒气值"就越低，自制能力也越强。足够的理智能够带来过人的自制。控制自己的言行，能确保你在任何情况下不去伤人伤己，不会有损体面。理智的态度能够保证结局的正确，也让你说的话与做的事更有说服力。

人是情绪动物，培养理智是一个过程，需要长期思考。保持理智也是一个过程，需要长期实践。吃一堑长一智，仔细想想你上一次发脾气是在什么时候，造成了什么样的不良后果？多多检讨，自然会在下一次同样情况出现时多一份冷静，不再头脑发热。

3. 培养毅力，加强克制能力

一位苏联教育家说，没有克制就不可能有任何意志，在诱惑面前，只有毅力能够保证自制力持续发挥作用。毅力既代表一种坚持，也是一种果敢的进取态度，没有毅力不足以成事，有毅力的人才能不受诱惑、克制情绪，保证自己朝着目标稳步行进，而不是旁逸斜出、朝三暮四，更不会因为一时的情绪耽误正事。

4. 调整心态，保持情绪平衡

每个人对周围的事物都有自己的一套观念，看到某种情况，下意识地做出评价，而且在冲动状态下，这种评价几乎无法更改。为了避免这种偏颇和冲动，平日里就要保持心态的平静、情绪的稳定。要知道影响我们情绪的外界因素很多，如果想在形势复杂的时候保持理性，就要有一颗以不变应万变的平常心，平时不因任何事大惊小怪，大事发生的时候才不会乱成一团。

发怒的直接后果不是麻烦，而是后悔，后悔自己因为冲动而伤害了别人，后悔贪图一时快意而造成不良影响，更后悔一次发怒而让自己失去了某些机会。对思想成熟的人来说，对人、事愤怒，与他人争执的最佳结果莫过于以理服人，再退一步，至少保证自己没有损失。面对正面冲突，不妨一笑了之，与人宽容，与己方便。

让绊脚石变为垫脚石

放轻松一点，适当地放下压力，这不是在向困难低头，也并非是向命运妥协，而是为了获得内心的安宁和平静。

物价上涨、工资太低、工作繁重、孩子太小需要照顾、子女升学、住房问题……现代社会充满了无数的竞争和挑战，随之而来的便是工作和生活方面的压力，可以说压力几乎无处不在。

适度的压力可以促人奋发图强、激发潜能、成就梦想。但是，压力过大的话，我们的心便难以宁静、坦然，往往会陷入极度紧张、苦闷和失望的情绪中。

很久以前，在一个方圆几十里的大村落里，人们过着自给自足的幸福生活。

突然有一天，死神向这个村落走去。

"你要去做什么？"村里的一位老人问道。

"我要去带走一百个人。"死神平静地回答道。

"太可怕了！"老人说。

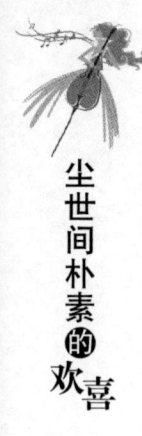

"事实就是这样，"死神说，"我必须这么做。"

这位老人急忙跑去提醒所有人，死神即将来临，而且他要带走一百个人的生命。于是，村里的人们陷入了无限的恐慌中。

第二天早晨，这位老人又碰到了死神，他非常不满地质问："你告诉我你要带走一百个人，为什么村落中一夜之间竟然死了一千个人呢？"

"我照我说的做了，"死神回答，"我带走了一百个人，压力带走了其他那些人。所以，这不是我的错！"

可见，有时人因为压力而感到忧虑，其实并非真正的压力所致，而是自寻烦恼。人为地夸大压力，甚至会让人丧命。

死神想带走一百个人怎么到最后会有一千个人丧命呢？这是因为人们都担心自己会是一百人中的一位，精神过于紧张而致。或许这个故事有些夸张，但是它告诉我们，过度的压力可以压垮一个人的精神和身体，它比死神更可怕。

每个人都有压力，面对同样的压力，为何有的人不仅没有愁眉苦脸、恐慌烦躁，反而能够在压力之下活得轻松自在，奋发图强、成就梦想呢？我们不禁要问：难道那些轻松的人有什么异于常人的智慧？

其实，这些人如你我一样，都是普普通通的老百姓。只不过，他们能时刻保持一颗冷静的心，懂得释放内心的压力，能解除焦虑等负面情绪，使自己不受其害，进而保持一个健康的身心。

关于压力，有一句经典的话："压力是一块石头，对于弱者，它是绊脚石；对于强者，它是垫脚石。"你是弱者，还是强者？如何把压力变成垫脚石呢？很简单，静下心来，放下压力，放宽心态。

一个被压力所困的年轻人找到大学时期的心理学讲师,希望老师可以告诉自己如何正确地对待压力。

老师递给他一杯水,问道:"你说这杯水有多重?"

年轻人有点不屑地摇摇头,说:"很轻,也就20克。"

老师没有再多说什么,而是一直让他举着。过了一段时间,又问:"重吗?"

这时,年轻人举杯子的手已经感觉有些酸痛了。他换了一下手说:"感觉很重,好像有500克。"

从20克到500克,两次回答,悬殊竟然这么大。

"其实杯子的重量没有发生任何变化,变化的是时间。同一个杯子,举的时间越长,你感觉到的分量就会越重。"

年轻人若有所思地听着老师的话。"倘若我们总是将压力扛在肩上不放,压力就像水杯一样,会变得越来越重。早晚有一天,我们将不堪其重。而正确的做法是,放下水杯,休息一下,以便再次举起它。"

年轻人这才恍然大悟:勇于放下压力,才能让自己一身轻松。

放轻松一点,适当地放下压力,这不是在向困难低头,也并非是向命运妥协,而是为了获得内心的安宁和平静。这样,我们的心就会变得富有弹性,就能始终从容不迫、游刃有余地张弛命运之簧,弯而不折,曲而不断。

这是一种至高至善的人生境界,这就像大自然中的雪松一样,每到暴风雪逼近时,它那富有弹性的枝丫就会弯曲,使雪滑落下来。因此,无论雪下得多大,雪松始终完好无损。

总而言之,生活中的压力并不可怕,可怕的是不会放下压力。当我们

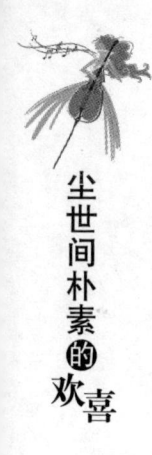

的心过于紧张时，不妨静下心来放下压力。当你不被压力左右，内心安宁平静时，即使生活中有再大的风暴，面临更高更大的挑战，你也能从容镇定以对。

别让烦恼给自己添乱

不是一件事突然降临给你添了麻烦，而是你将一切事物视为麻烦，陷在混乱的情绪中无法自拔。

"烦"是现代人标志性的口头禅之一，我们每天都能在各种场合听到这个字。在因红灯暂停的公车上，不止一个人说："烦死了，这么慢，迟到了怎么办"；在人头攒动的餐厅里，有人一边打电话一边露出不耐烦的神情，只差拿筷子敲盘子了；在堆满文件的办公室，很多人神经高度紧张，以厌倦的神色加班到深夜……他们脸上的疲惫和厌倦让他们没有力气找人吐苦水，只能变成嘴边无奈的一个字：烦。

人生的烦恼无穷无尽，从出生的那一刻起，就要为生存烦恼；长大后，学习、恋爱、工作都伴随着大大小小的烦恼，没有人能说自己没烦恼，只能说烦恼有大有小，心态有好有坏罢了。即使有再好的心态，也禁不住日复一日单调烦躁的生活，而且有时候自己想要寻找一块清静的地方，寻觅一点悠闲的情致，却发现没有那份闲暇，需要解决的烦恼那么多，根本没有存放闲情逸致的地方。

烦恼和城府也有一些关系，有人会说："有城府的人考虑的问题多，烦恼也就更多。一个问题本来只想到一方面，而有城府的人却要想好几个方面，烦恼可能越来越多。"但是，烦恼和城府没有必然关系，不是说有城府会招来烦恼，相反有些人之所以不被烦恼压垮，就在于对待烦恼时是经过成熟地思考的，他们有一套有效的"烦恼管理机制"。从心理到行动上，他们都有一种"静气"，在外人看来，似乎什么事都烦不到他们，烦恼也不会主动去找他们。这种城府首先是心理上的：烦恼的本质究竟是什么？不是一件事突然降临，给你添了麻烦，而是你将一切事物视为麻烦，陷在混乱的情绪中无法自拔。

唐朝名将郭子仪是平定安史之乱的大将，也是皇帝倚重的股肱之臣。他为人低调，与其他朝臣的关系良好，从不招惹是非。他知道古往今来劳苦功高的大臣很容易引起皇帝的疑心，所以他做起事来小心翼翼，从不抢风头。不过，自从他的儿子郭暧娶了皇帝的女儿升平公主后，他便觉得日子不太好过了。

皇帝的金枝玉叶难免脾气刁蛮。郭暧也是个有脾气的人，常和公主发生争吵。有一次，郭暧喝醉了，又和公主吵了起来，还打了公主一巴掌，并且叫嚷道："你的父亲是皇上有什么了不起？如果没有我的父亲，他不知道能不能当这个皇上！"这件事很快在朝廷上传开了。

郭子仪听了吓得不轻，他心想，这件事如果被别有用心的人拿去做文章，岂不是要被扣个"谋反"的帽子？他连忙将郭暧绑起来送到皇帝面前听候发落，皇帝却说："不痴不聋，不做家翁，小孩子们闺房里打架，怎么能当真呢？"郭子仪虚惊一场，不禁感叹皇帝的大度。

对于郭子仪来说，最烦恼的事就是皇帝因为郭暧的话对自己起疑心，他的烦恼不是没有道理的，古往今来，多少疑心重的皇帝因为臣子的一句戏言、一句气话而内心不安，不得不夺走臣子的身家性命。不过，比起烦恼，郭子仪更重视的是如何解决烦恼。与其战战兢兢地担忧，不如赶快采取行动挽回，使事情往好的方向发展。世间最烦恼的不是那些事情众多却能妥善应对的聪明人，而是那些事情不多却不知道如何处理的庸人。

世上本无事，庸人自扰之。如果用理性的眼光看待一切，就会发现很多事情并没有那么复杂，至少不会到让人到心烦意乱的程度。多数时候，你采取装聋作哑的方法，烦恼自然而然就会消散，而那些没法消散的，你烦恼也没用，何必自己苦了自己？在生活中，要能够辨别什么样的事值得烦恼、什么样的事根本无须烦恼，例如下面这些事，千万不要为它们伤脑筋：

1. 无法更改的事

如果事情已经有了决定性的结论，不论结果如何，是好还是坏，它都已经成了一个再也不能更改的事实，你能做的只有尽量消化和接受，因为不论你做再多的努力，投入再多的感情，也是做无用功，根本不能给你带来任何实际益处。

和无法更改的事较劲就是做蠢事，还不如赶快思考下一步该怎么做，不要为无法更改的事烦恼，那只会让你的心情越来越糟糕。

2. 芝麻绿豆大的小事

一个人是否整天都生活在烦恼中，也和他的心胸有直接关系。他人给你带来的麻烦有时很不起眼，如果你连别人踩你一脚都要唠叨，别人说你一句都要气上半天，那你的生活还有什么快乐可言？对那些芝麻绿豆大点的小事，能放则放，一笑了之是最好的。计较那些不值一提的事，只会显得你太看不开、小心眼。

3. 与你无关的和别人的私事

有时候人们的烦恼并不是因为自己，而是因为他人的状况，如果对方是与你亲近的人，你烦恼还可以理解，如果是根本与你无关的人，你长吁短叹就太过多愁善感。他人的烦恼，他人会自己解决，你再烦也使不上力。何况，他们也许只是抱怨几句，实际情况并没有那么糟，你想都不想就开始为对方着急，未免太过劳心。如果涉及别人的私事，你烦起来还会有"越权"的嫌疑。

4. 真假难辨的事

有些事传来传去，谁都不知道真假，比如说办公室传出小道消息要裁员，你为此饭都吃不下去。但这件事是真是假无法考证，你还没得到确切消息就开始烦恼，未免杞人忧天。何况，就算真的裁员，你确定裁下去的一定是你吗？

成熟的人会以一颗平常心对待生活，即使遇到烦恼，他们首先想到的也是冷静，他们会把烦恼局限在一定范围内，坚决不人为地增多。处理烦恼需要智慧，也许每天都有意外让你头疼，但至少你要告诉自己：烦恼已经够多了，千万别再给自己找来添乱。

不染浮躁，保持一颗清醒的心

浮躁让人变得肤浅，让人们相信不劳而获。浮躁也是一种时代病，社会上上下下都有传播渠道，想要防治需要有一个清醒的头脑。

王琳到了适婚年龄,身边也有众多追求者,却不见她有什么动静。只有她的闺密知道,王琳眼光很高,她不愿和别人一样和普通人结婚,不愿意紧巴巴地贷款买房,用十几年的辛苦工作还债,她想凭自己的条件嫁一个"富二代",保证自己今后能活得舒服。

很快王琳就认识了这样一个男人,他穿名牌西服,看上去很有风度,每次来接王琳不是开奥迪就是开宝马,王琳以为遇到了真命天子,很快就沦陷在男人的追求下。没想到半年后,男人就甩了她。

后来王琳才知道,这个男人只是某个公司的中层职员,靠着借外债买了两辆名车和几套西装,专门骗王琳这样的女人。知道真相的王琳无可奈何,谁让自己虚荣,一定要钓个金龟婿,没想到自己先成了上钩的鱼。

到了适婚年龄的王琳想要嫁给一个有房有车的男人,保证自己下半辈子不会奔波劳苦,这种想法并不算错,错就错在王琳过分追求"有钱",忽略了追求者的人品,她被奥迪和宝马迷住了双眼,根本想不到男朋友是个劫色的骗子。备受打击的王琳是该责怪男人的卑劣,还是该检讨自己太过浮躁,把金钱作为婚姻的唯一标准,轻而易举地被人骗到手?

金钱和婚姻是适婚男女的永恒话题,婚姻不是空中楼阁,需要坚实的物质基础。想要组成一个家庭,难免会谈到金钱,所以多数人都会把对象的工作能力、经济条件作为一个重要标准加以考虑。但有些人显然对这个标准考虑得太多,将婚姻变味成了赤裸裸的交易,这样以金钱为条件的婚姻又有什么爱情可言,又能换来多少幸福呢?人们对待婚姻所表现出的浅薄和势利,恰恰说明了这个时代的浮躁,想要一口气吃成胖子的人大有人在,多少人想要一夜暴富,梦想拥有奢侈的生活。为此他们不惜一切代价追求金钱,追求名牌,而不是实实在在地做一些力所能及的事。浮躁的结果就是没有定力,轻易地被诱饵套牢,成了别人的食物。

某个著名的论坛有一个版块叫"天涯杂谈",曾经有人发过一张帖子,自称是山西煤老板,想要招一个上门女婿,要求是有学问有素质,对自己女儿好。这个帖子立刻成了未婚男子眼中的肥肉,他们迫不及待地发布自己的学历、家庭、身高、性格等一切资料,想要引起这位老板的注意,成为乘龙快婿。但煤老板陪他们玩儿了几天,便消失得无影无踪——试想,哪一个父亲希望招来一个贪图自己家世的女婿?这样明显的陷阱竟然让那么多高学历男士上当,让人不由感叹这个时代的肤浅与浮躁。

一个男人迷彩票已经三年了,他和许多"票友"一样,每天最大的爱好就是钻研彩票走势,每周他都要花上几百元买各种彩票。靠着不懈的努力,他中过很多次小奖,还中过一次一万元的大奖,但这些奖金加起来还不及他投入的十分之一。

澳门赌场每天聚集了来自全国各地的赌徒,有的是富翁,更多的是幻想一夜暴富的普通人,他们拿着所有积蓄来赌博,得到的结局往往是倾家荡产。而彩票、赌场之所以存在,就是因为人们总是幻想不劳而获、一夜发财。

迷恋彩票和赌博的人都有一个共同特点,他们希望以最小的成本换来最大的暴利,他们不是不知道一分耕耘一分收获的道理,但更愿意相信有运气的人会捡到天上掉下来的馅饼。他们不能抗拒高额财富的诱惑,一次又一次支付自己的筹码,直到输得倾家荡产还不悔过,认为自己只是差了运气,而不是做错了事。

幻想一夜发财是另一种浮躁形式,不只存在于我们的时代,还存在于

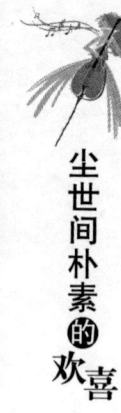

每个时代。现实工作很辛苦，人们兢兢业业地付出，换来的只是满足温饱的金钱，这个时候，意外之财就成了一种诱惑。有时额外得到的财富能够给自己和家庭带来欢乐，但是如果过分追求这种额外的财富，耽误了自己的事业，掏空了自己的成本，干扰了自己的生活，就得不偿失了。

浮躁让人变得肤浅，让人们相信不劳而获。浮躁也是一种时代病，社会上上下下都有传播渠道，想要防治需要有一颗清醒的心。为什么人们很难克服内心的浮躁？根源就在于人性的懒惰。好逸恶劳、追求享受是有些人骨子里的东西，谁不想轻轻松松地生活？但生活没有想象的那么简单，天上不会掉馅饼，没有那么多免费的午餐提供给你。

要清楚地认识到，浮躁的人追求的是一些不切实际的名气和财富，他不能踏踏实实地钻研一件事，每天只想着如何投机取巧，这样的人一时之间可能会发财也不可能会出名，但是没有实力的人就像一个靠作弊进入名牌大学的学生，要面临的是挂科、推迟毕业甚至是学分不够被退学的风险。而成功就像盖房子，需要坚实的地基，浮躁的人得到的只有幻想中的空中楼阁。我们无法要求他人，但是可以检讨自我，不要感染浮躁的时代病，要随时保持内心的清醒。

下　篇
淡是最深的滋味

　　古词曰：花开无言，人淡如菊。人淡如菊，淡在荣辱之外，淡在名利之外，淡在诱惑之外，却淡在骨气之内。心淡如菊之人在物欲横流的滚滚红尘中能够谢绝繁华，回归简朴，从而感受到人世间最素朴的欢喜。

第六章 淡得失,漫随天外云卷云舒

有得必有失,我们想要得到轻松,就要放弃沉重。那些不能拥有的东西是我们最应该放弃的,得不到的未必最好,不必因为得不到而对它们恋恋不舍,前方一定会有更适合自己的那一份在等待。"塞翁失马,焉知非福。"即使丢了一匹马又何妨?要看到得来的福分。

得之坦然,失之淡然

> 逃避,不一定躲得过;面对,不一定最难过;孤独,不一定不快乐;得到,不一定能长久;失去,不一定不再拥有。

生活中的每一件事对于身陷其中的我们而言,可能收获大于损失,也有可能是损失大于收获,还有可能得失相当。因此,我们有时必须得较这个真儿,但如果我们每一件事都要计算得失的话,我们将会活得很累。

人生福祸相依,变化无常。年少气盛时,凡事斤斤计较还情有可原。

当一个人年事渐长、阅历渐广、涵养渐深，对争取之事应看得淡些，凡事不必太计较得失，顺其自然最好。当然，如果年少时就能拥有这份豁达的心境，生活中必然会增加很多欢乐。

在人际交往过程中，如果总爱吹毛求疵，过分注重一些毫无价值的小事，不但会让别人难堪，也会使自己经常处于精神萎靡、心情恶劣的状态。这是一种浮躁的表现，这种不良的心理使得我们只顾眼下，不管将来，只计较细小的事情，心中无大事也无大量，只图自己一吐为快，从不考虑别人的感受。

莉娜是一名职业校对员，曾为出版社校对过不少书刊著作。莉娜工作认真负责、一丝不苟，在业界颇有些名气。

校对的工作做久了，在生活中，莉娜也经常会不自觉地检查单词拼写和标点符号是否准确。听别人讲话时，她也会想着对方的发音是否正确，停顿是否得当。

一天，莉娜去教堂做礼拜，听牧师朗读一篇赞美诗。在牧师朗诵的时候，他读错了一个单词，莉娜顿时浑身不自在起来，一个声音在心里不停地喊道："他错了！牧师竟然读错了！"之后，她再也不能专心听讲牧师布道，也不知道牧师都讲了些什么，只为那读错的单词纠结。正在这时，一只苍蝇从莉娜的眼前飞过。

莉娜耳边突然响起了一句名言："不要因为一只飞虫而忽视了眼前美丽的风景。"对呀，怎么能因为一个小小的错误而忽视整篇赞美诗呢？莉娜突然如醍醐灌顶一般，大彻大悟。

人生中的一些事，有时必须要较真儿才能成功，但亦不可太较真儿，尤其不能在得失上过分算计。人的作用是相互的，你表现出一分敌意，对方可能就会还你二分，然后你递增到三分，他又会还回来六分……一来二去，本来一个小小的矛盾就演化成了一场深仇大恨。不如在矛盾初始时就把敌意变成善意，少一分计较，究竟谁多得一分、谁少得一点儿有多重要呢？当"冤冤相报何时了"的双输变成"相逢一笑泯恩仇"的双赢时，你的人生才会充满快乐，你生活中的每一刻对你而言才是美妙的。

有一个答题赢大奖的电视节目，一位选手一路过五关斩六将，顺利答到了第九题。而此时，他已经没有机会再排除错误答案，也没有机会打热线电话给朋友求助了，更不能向现场观众求助。答完第九题，他已经把最初设定的家庭梦想都实现了，这时主持人微笑着问："还继续吗？"他深深地看了一眼台下怀有身孕的妻子，干脆地回答："不，我放弃！"

当时，主持人一愣，现场也一片哗然，因为很少有人会在这个节骨眼儿放弃，而且这是现场直播，全国观众都盯着他，他怎能说放弃就放弃呢？别人又会怎样看待他的"退缩"？但他心意已决，主持人十分惋惜地连问了三次："真的放弃吗？你确定不会后悔吗？"他依然点头，坚定地说："真的放弃，我不会后悔，因为应该得到的我已经得到了。"

这时，另一位主持人依然不放弃，又激问他："如果将来你的孩子长大了，看到了这期节目问你那天为什么放弃了，你会怎么说？"他说："我会告诉孩子，人生不一定要走到最高点。"主持人追问："那你的孩子如果说他以后只考80分就满足了，你怎么说？"答题者微笑着回答："如果孩子不觉得难过，而且也的确付出了应该付出的努力，那么我认同！"

台下掌声雷动。

显然，大家都被他这种在得失面前所保持的那份淡定、从容打动了。有时候，适时地放弃并不是退缩，而是一种冷静的智慧、一种成熟的象征。成熟并不意味着你更加懂得去珍惜什么，而是你更加明白适时放弃的重要。得失之间，淡定才是美。

享受当下的人懂得适当放弃、懂得超脱。生活也需要"有所为才能有所不为"，因为有所得，就必有所失。不要妄想有求必应，上天不会那么眷顾你、满足你。有时候要想得到更多，就必须放弃某些东西。俗语常说，盲人的耳朵最灵，是因为眼睛看不见。的确如此，因为眼睛失明，他必须认真用耳朵聆听，久而久之，耳朵的功能得到了超常的发挥。对于耳朵来说，这样的得到就大于失去。生活中也一样，当你追求的某种功能充分发挥时，其他功能就可能退化。因为生活是公平的，有所得就会有所失，所以不要过分计较得失，相信生活会给你最圆满的答案。

"逃避，不一定躲得过；面对，不一定最难过；孤独，不一定不快乐；得到，不一定能长久；失去，不一定不再拥有。"请不要再过分计较那些个人得失，有些事不必太在意，更不要太强求，就让一切随缘吧。你可能因为某个理由而伤心难过，但你却能找个理由让自己快乐。永远在得失面前保持一种超然的淡定，总有一天你定能发现生活中被你忽视了的美好。

明确自己内心到底追求什么

"鱼，我所欲也，熊掌，亦我所欲也，二者不可得兼，舍鱼取熊掌者也；生，我所欲也，义，亦我所欲也，二者不可得兼，舍生取义者也。"

人在一生中会面临数不胜数的选择，左右为难的情形也会时常出现。是左是右、是取是舍，经常会把人推入矛盾、纠结，乃至无助、绝望的边缘，多数人因为有多种选择而变得难以抉择，心生苦恼。

但是，当我们静下心来，冷静而准确地认识自己、认识环境，能够理性、客观地规划自己的理想与生活的时候，未来的视野将会展现出另外一种截然不同而豁然开朗的景致，抉择也就不再那么复杂了。

德山禅师在尚未得道之时曾跟着龙潭大师学习，日复一日地诵经苦读让德山有些忍耐不住。一天，他对师父说："说实话，我真诚地想跟着师父您学习，但是这样的生活让我觉得无趣极了，我不知道自己是否该继续下去……"

"鹰是世间寿命最长的鸟类，当鹰活到40岁时，它的身体各方面开始老化，爪子不能有力地抓住猎物，喙变得又长又弯，羽毛长得又浓又厚，飞翔都显得有些吃力。这时，它有两种选择：在悬崖上筑巢，安然地停留在那里等死，或者开始一次痛苦的重生。"龙潭大师笑着说，德山满脸迷惑。

"你知道吗？"龙潭大师继续说道，"那是一场150天的漫长磨炼。鹰首先用它的喙击打岩石，直到喙完全脱落，然后静静地等待新的喙长出来。它会用新长出的喙把指甲一根一根地拔出来。当新的指甲长出来后，就再把羽毛一根一根地拔掉。五个月以后，新的羽毛长出来了，鹰经历了一次新生。"龙潭大师顿了顿，意味深长地问道："静下心来想一想，如果你是一只老鹰，你是选择等待生命的枯萎，还是选择重生呢？"

尽管蜕变的过程非常痛苦，老鹰还是选择放弃安逸的等待，得到了凤凰涅槃般的重生。终于，德山明白了自己想做一代大师就必须忍耐诵经苦

读的寂寞与平淡,后来他果然青出于蓝,获得了显著成就。

尽管抉择是一个痛苦选择的过程,但"鱼与熊掌不可得兼"。明确自己内心追求的东西,知道孰是孰非、孰轻孰重,为了熊掌而舍弃鱼,有舍才会有得,这是保持生命得以延续的智慧,也是我们获得内心平衡的好方法。

试想:想获得清闲而辞职在家,但是又会害怕因无所事事而失落;为了得到高薪想寻觅一份好工作,但是又担心责任太重、压力太大……如果总是这样患得患失,又怎能让自己的内心获得平静,收获快乐呢?

明白自己应该坚持什么,又该放弃什么,这是一种大格局的果敢和胆识。因此,当我们面临"老鹰重生"式的抉择时,要静下心来想一想,自己内心到底追求什么,"两弊相衡取其轻,两利相权取其重"。

大学毕业后,成绩优秀的杜嘉得到出国进修的机会,同时一家全国五百强的大公司也向他抛出了橄榄枝,承诺提供给他一份专业对口、待遇优厚的工作。留学、工作,这都是好事情,但杜嘉开始惆怅起来,不知道该如何选择了……

出国进修的机会太难得了,但是各方面的投入太大,自己的家庭条件并不是很好,经济负担会很大,而且出国回来后可能找不到这么令自己满意的工作,自己很有可能变为"海待"。现在这份工作可以让自己获得很好的发展,而且还能让父母过上衣食无忧的生活……

不过,杜嘉是一个聪明的人。"我到底想要什么呢?"他一次次地这样问自己。最终,他确定留学是自己一直梦寐以求的梦想,也是大部分人成长最快的一段经历,这不能用金钱回报来衡量。于是,他毅然放弃了待遇优厚的工作。

在留学的三年时间里，杜嘉在当地圈子里有了很多朋友，也收集了更多专业的信息，他的思考、沟通、谈判能力都得到了很大的提高。毕业后他回国自主创业，如今已然硕果累累。而且，他再也不会为选择所累，不再为放弃所伤。

"鱼，我所欲也，熊掌，亦我所欲也，二者不可得兼，舍鱼取熊掌者也；生，我所欲也，义，亦我所欲也，二者不可得兼，舍生取义者也。"静心想想自己内心追求的东西，明确孰是孰非、孰轻孰重，你就会知道该如何选择了。

有了这样的认识后，面对纷繁复杂的世界和物欲横流的社会，在进行抉择的时候，我们不要总是想着让自己多得到一些，纠结于得与失的比较中，要懂得果敢地放弃和义无反顾地选择，这是勇者与智者的修炼。

抉择时静下心来，把握舍与得的机理和尺度，为了得到熊掌而坦然地拿出鱼，如此我们便能获得内心追求的东西，心中的不平衡自然也就会减少甚至消失。以快乐和愉悦的心情生活，并且把握住人生的机遇和成功的钥匙。

少一份拥有便少一份执念

一切烦恼都来自不如意，一切不如意皆来自偏执，可见人们什么时候懂得了放下，什么时候才能远离烦恼。

中国古代有个贤人叫许由,他是个通达之人,平日不喜俗物,也没什么烦恼。有一次,他在河边用双手捧起水来洗脸,有人看到后,好心地送给他一个水瓢。许由用了后将水瓢挂在树枝上。风吹过来,许由认为瓢发出的声音让人厌烦,就将瓢还给送瓢的人,继续用双手洗脸。

传说上古明君尧倾慕许由的才能,愿意将天下交给许由治理。可是许由认为尧治理天下很合适,自己不想要这个负担,就拒绝了尧。

可见,在圣人眼里,多一物就多一心。许由是上古有名的贤人,其风采一直令后人追慕不已。许由是不是没有追求的人呢?不是。只能说他不追求世俗之物,他所追求的一直是心中的清净,这也是心灵的最高追求。像这样只追求自己想要的东西,别的都放在一边不予理会的人,自然烦恼就少。

在现代社会,即使是修禅者,也不能说自己完全切断万物、没有任何追求。人要生存,就要追求合适的谋生手段;人要感情,就要追求合适的心灵伴侣。追求并不等于心存杂念,也并不与禅的要义相违背。只是人们渐渐发现,拥有的东西越多,负担就越重;想要的东西越多,就越成为心灵的负累。就像一个人背着背包,如果放进太多东西,就会负重行走,以致脚步越来越慢,心境越来越不明朗,开心也离自己越来越远。

可是人们很难放开已经到手的东西,这就是前面说过的"痴"。"痴"如果更进一步,就成了贪,它们的表现都是对某种事物的过度偏执。人生在世,每个人难免会有偏执的念头,将已有的东西牢牢握在手里不肯放开。舍不得早已成为负累的旧物,就不能抓起生活必需的新物,也得不到宁静。一切烦恼都来自不如意,一切不如意皆来自偏执,可见人们什么时候懂得了放下，什么时候才能远离烦恼。

古代有个大官住在一所大宅子里，却经常觉得心烦意乱，很想寻个清静的地方。但他发现天地之大，清静之地难寻，于是只好请来一位高僧为他指点迷津。

高僧听完官员的烦恼，对他说："大千世界，让人心烦的事很多。比如您身边这几位侍妾，每个人都佩戴着珠玉钗环，发出响声，人一多，您自然觉得心烦意乱。不如让她们摘掉这些珠玉首饰。"官员依言而行后，果然觉得耳边清静了不少。

高僧继续说："人生在世，人人求富贵，即使摘掉了身上的珠玉，心里想的仍是珠玉。只有将心里的杂念扔掉，才能保持内心的宁静、淡然。"

官员听后终于明白了自己心烦气躁的原因。从此，他勤于公务，却不再醉心于功名，果然神清气爽，人们也越发敬重他了。

世人常说想要觅一方清静的天地，可以暂时远离俗世烦扰，可是最理想的桃花源迄今还没有出现，周围处处有烟火气，这"清静"总是无处可找。就像故事中的官员，眼看着簪环玉佩、功名利禄，哪里还能得清静？可见拥有的东西太多，就会让人心烦气躁。

能够拥有是一件好事，或者证明了你的能力，或者证明了你的运气。但拥有太多却是一种负累，何况我们拥有的一些东西并不是属于自己的，我们只是它们暂时的保管者，不如顺其自然，让它们也能发挥最大的作用。能够放下，于人于己都是一种轻松。

少一份拥有便少一份执念，这不是要求人们做到一无所有，而是告诉人们要选择将最重要的放在手里，而不是紧握一堆零碎的边角。明理的人

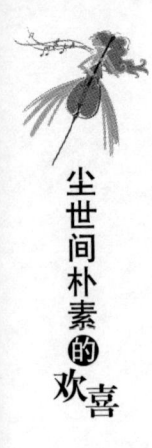

看得明白，人生所追求的不过是那么几样东西，其余的都是附加物，什么时候看透这一点，什么时候就能懂得专心致志。多一点也许不是坏事，但少一点却意味着轻松和更多的可能。人生的道路很漫长，要学会经常给自己减负，才能轻装上阵。

明理的人心宽

对一件事、一个想法太过坚持，就会把路越走越窄，再也不能心宽明理。可世间诸事纷纭，若不能心宽以待，怎能有豁达与舒坦的心境呢？

一个青年坐在村口不住地叹气，有位禅师经过问道："施主，你为何在此长吁短叹？"

"大师，我叹世事无常，人生不如意之事颇多。我本是一书生，寒窗之下，只待有朝一日金榜题名，谁知我朝近日战事不断，村里的男子都将应征入伍。"

禅师听罢，劝道："世人寒窗苦读，不过为一朝功名，战场之上依然能取得功名。"

"可是，我就要远离家乡。"青年说。

"远离家乡，也许赴塞外，也许戍北疆，也许被派到战事不紧的北海。"禅师说。

"那如果我被派到塞外苦寒之地呢？"青年说。

"塞外苦寒，亦可陶冶情怀、增长见闻。"禅师说。

"可是，如果我上了战场，刀剑无眼，死于战场怎么办？"青年说。

"死于战场，便归于大道，从此无知无觉，再也不必惊惧，所以施主无须烦恼。"禅师说。

青年听罢，深以为然，果然放下了心中的重担。

人总是习惯为自己的命运担忧，从眼前一事就能想起万千烦恼，没个了断。故事里的书生说人生不如意的事太多，却不能在不如意中看到机会，一味地认为自己时运不济，这种笃定的念头可称之为"痴"，也可叫作"执"。对一件事、一个想法太过坚持，就会把路越走越窄，再也不能心宽明理。可世间诸事纷纭，若不能心宽以待，怎能有豁达与舒坦的心境？

什么是明理？在古代，"道理"并不是一个词，而是两个。"道"，是事物遵循的深层法则；"理"，则是那些表面现象。到了现代，"理"的意思越来越宽泛。"明理"既是知晓事理，也是通情达理。故事中的禅师既知"道"，也明"理"，他看事物不只看表象，还会推出前因后果，一旦看得明白，就不会有那么多担心——路在脚下，与其有时间担心，不如抓紧时间赶路，寻找机遇才是正题。

有禅性的人明理，有什么事值得人们愁眉不展、郁郁寡欢？不过贪嗔怨怒。贪念让人迷失心智，不懂知足；嗔怒让人肝火上升，伤神伤身；怨恨让人心生恶意，害人害己……人生的烦恼不过这些，一切都来自于自己的执念。执念一旦产生，便如种子植在心中，随着年岁而枝繁叶茂，难以根除，甚至会被某些人视为生命意义之所在，忘记生命中还有其他重要的事。

古时候，有个官员担任要职，每天衙门里的大事小情如乱麻一样，让

下篇 淡是最深的滋味

他心烦意乱。他不但要为公事操劳,家里的一个正室、一个小妾和五个儿女常常争吵,也让他心力交瘁。这一天,他独自骑马到城外散心,看到绿草丛边有个牧童正在吹笛子,官员坐下来与那个牧童交谈,他对牧童说:"我真羡慕你,你只要放放羊、吹吹笛子就能很快乐。"

牧童问:"谁不是这样呢?难道你不是吗?"

官员说:"我不是,我就算来到草地上,吹着笛子,心里也想着烦心事,不能解脱。"

牧童说:"那么,难道这些烦心事是绳子,能绑住你的手脚吗?"

官员说:"它们当然不是绳子,不能绑住我。"

牧童说:"既然它们不能绑住你,你为什么不能解脱?"

官员听后静默不语,继而大悟。

世间的烦恼并不是绳索,人们却心甘情愿地被它束缚,不知是烦恼缠人,还是人抓着烦恼不放。烦恼也常常有美丽的外衣,比如娇美的容貌、殷富的地位、尽人皆知的名声。人们得到它们,也要收下它们的负面部分,越到后来,越是看到负面的部分,以致自己心烦意乱。倘若人们能够明白事理,客观地看待世间的一切,至少不会为了事物的负面因素烦心。

明理的人心宽,对人对事看得开。在享受的时候,他们并不是不知道福祸相倚,今日的舒坦也许意味着明日的苦难,但他们不会让明日的烦恼干扰今日的快乐。不论祸福,他们都能担得起;不论喜悲,他们都能放得下。在他们看来,"痴"固然重要,但该洒脱的时候也要洒脱。该放下的时候仍然紧紧握着,未免有些小家子气。

修禅的人明理,因为禅义本就包含世间道理,教导人们看透事物的表象,可以用心于生活,不可过痴过执。他们追求的是生命的宽度,而不是对一个"点"锲而不舍，如此将会陷进去，再也拔不出来。生命有限，要体会的事太多，心宽的人才能容纳人生中更多的风雨。世事无常，做个明理的人便可于纷乱中觅得清静与智慧。

放弃其实也是一种收获

懂得放弃是一种智慧。过去已经成了定局，就算有再多的执着，有些事也无法挽回，一味留恋只会徒增伤感。

有开始就有结束，有得到就有失去。我们的人生中也多多少少有过类似的经历：长时间的心血毁于一旦，没有任何周转的余地。这个时候我们只能选择放弃，但放弃并不能让我们轻松。放弃应该从心理上开始，面对过去的执念，要明白唯有真正放弃才能得到新的机会。

放弃不是一件容易的事，如果放弃的仅仅是手中不重要的东西，也许心里不会难受，但"放弃"这个词一向与重要的事相连，而且这种放弃往往意味着不能再拥有。人有执念，自然也有相应的努力和行动，也许已经有了一些成绩，放弃就要将这些东西全部都抛掉，也难怪人们说："得到难，放弃更难。"

那么，人们舍不得的究竟是自己的执念，还是那些已经付出的精力和金钱？恐怕后者的成分要多一些。多数人都希望自己的投入有回报，不希望自己的努力成了竹篮打水——一场空。但也正是这种心理，让执念越来越深。明理的人不会沿着错误的方向一直走，他们会及时收手，因为他

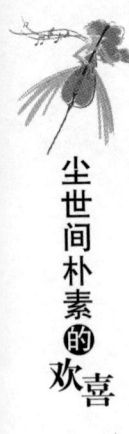

们知道继续纠缠下去只会浪费更多、耽误更多。

清清是个美丽的女孩，她公司的很多男士都想追求她。但是今年已经27岁的清清拒绝了所有人的追求。

清清不谈恋爱有她的原因。在大学的时候，清清交往过一个男朋友，可是二人性格不合，经常产生矛盾。两个人几经磨合，依然不能适应对方，最后只能选择分手。清清对这段感情投入很多，这次的分手对她打击很大。从此她对感情能避则避，更不想步入婚姻的殿堂。

清清的好朋友们经常给她讲道理："第一个不合适，并不代表第二个也不合适。不要因为一个人就对所有的人都失望。你不去尝试，怎么能遇到最好的？"但清清一直沉浸在过去的失望中，不肯迈出一步。

懂得放弃是一种智慧。过去已经成了定局，就算有再多的执着，有些事也无法挽回，一味留恋只会徒增伤感。就像故事中的清清，为了一次失败的恋爱而否定感情，这种消极情绪已经影响了她的生活，如果不能及时摒弃这种负面情绪，迎接她的将会是孤单的结局。如果有一天她突然醒悟，恐怕要后悔自己耽误了那么多美好的时光。

学会放弃是一种能力，放弃代表一个人的决断。在最恰当的时候放手，即使有伤痛，也是最佳选择。放下何尝不是一种考验？要相信有舍必有得，贪恋只会拖延你前进的步伐。人生的哪一次选择不是因为对旧选择的放弃？所以不要害怕放弃，放弃意味着新的选择与新的开始。

对人生的烦恼更要懂得放弃。有一位高僧曾对他的徒弟们说过一句饱含智慧的话，教导他们脱离苦海，这句话只有两个字——放下。放下执念，便能明理；放下烦恼，便有自在；放下欲望，便可超脱。多少智慧都在这两个字之中，需要人们细细体会、反复琢磨。唯有放下，心灵才能容纳更多的智慧，所以大智慧之人懂得放弃，懂得放弃也是一种获得。

装装糊涂，于人于己都方便

每个人都有趋利的一面，不想吃亏是人的本能之一。但如果一个人什么亏都不吃，无论大事小事都要算得一清二楚、明明白白，有时反而让人觉得不近人情。

很久以前，在水城威尼斯有个技艺精湛的鞋匠，鞋匠有个活泼热情的妻子，妻子最爱做的事就是参加宴会。她喜欢跳舞，喜欢交友，喜欢宴会的气氛。可她的丈夫很爱吃醋，总是想办法阻止她去参加宴会。有一天，丈夫送了她一双鞋，并对她说："我不想再为宴会的事和你争吵，不如这样，你只要每次参加宴会都穿我为你做的这双鞋，我就同意你去。"妻子说："好，就这么决定！"

妻子打开鞋盒，看到的是一双跟部又细又高的皮鞋，她从来没见过这么奇怪的鞋，这种鞋穿在脚上，走路歪歪扭扭、摇摇晃晃的，好像随时都会跌倒，可为了和丈夫赌气，妻子还是穿着这双鞋去参加当晚的舞会。

没想到，这双鞋让妻子成了晚会的主角，高跟鞋使妻子看起来个子更高、身材更苗条、姿势更美。所有女人都向这位妻子询问在哪里可以买到这么美丽的鞋子。这一晚妻子不但成了威尼斯最有名的妇人，也为她的丈夫带来了大批订单，这就是现代高跟鞋的由来。

尘世间朴素的欢喜

女人的高跟鞋来自一个吃醋的丈夫,这是发明史上的一个趣闻。故事里,美丽的妻子和丈夫达成口头协议,如果她能够穿着丈夫特制的鞋子,就能去喜欢的宴会。她得到了一双跟部又细又高的鞋子,穿上去都不会迈步了。无奈的妻子没有和丈夫吵闹,就当吃了一个大亏,穿着这双蹩脚的鞋子出了门。没想到这双鞋子让她看起来更加风姿楚楚,一跃成为威尼斯最有名的妇人。有时候,看似吃亏的事,实际上却是占了大便宜。

每个人都有趋利的一面,不想吃亏是人的本能之一,但如果一个人什么亏都不吃,无论大事小事都要算得一清二楚、明明白白,反而让人觉得不近人情。经常吃亏的人会被人称为"傻",但这种人又是人人都喜欢的,他们不贪小便宜,不损害他人利益,虽然"傻"却很可爱,所以他们有很多朋友,出现什么问题,大家都愿意帮他一把。这种人也因为心大,不和别人计较,不给自己添堵,一直保持着开朗的心情和很高的幸福感,这就是人们常说的"傻人有傻福"。

如何看待吃亏能够反映出一个人的智慧,对有些人来说,吃亏就是犯傻,被人占便宜就要难受一个礼拜甚至更长时间,绞尽脑汁地想如何把便宜占回来。仔细想想,为了一点小事让自己不开心,浪费自己的精力算计如何"讨回公道",这才是真正的犯傻。聪明的人则会反其道而行之,他们不会为吃一点小亏让自己不开心,有时候还会利用吃亏的机会让自己占更大的便宜。

一个小男孩跟着母亲去买菜,回家途中经过一个糖果店,售货员恰好是母亲的小学同学,两个人见面很开心,说了好一阵子话。母亲临走时,售货员对小男孩说:"这种奶糖很好吃,你抓一把吧。"小男孩摇摇头。

售货员再三哄小男孩抓一把，小男孩再三摇头，最后售货员自己把手伸进糖果罐，抓了一大把奶糖塞进小男孩的口袋。

回家时，母亲问小男孩："你为什么不自己去抓糖？"

"因为我自己只能抓一小把，她的手比我的大，能抓一大把！"

小男孩的做法让人佩服，他懂得"以退为进"，把吃亏当成一种策略。当妈妈的朋友让他抓糖时，他一再推辞，尽管这样做有可能得不到糖果，可也有可能得到一大把糖果。何况，即使得不到糖果又怎样？他能在别人眼中成为一个有教养、不占人便宜的小孩，这种夸奖难道不是更好吗？

如何看待吃亏也反映了一个人的心胸气魄。经常有人说，心有多大，舞台就有多大，一个人的心胸和他的发展空间成正比：只盯着蝇头小利，不肯让别人占一分便宜，这是市井小民的生活哲学；而那些跨国企业的老总，总会在推出产品时注意赠品、售后、服务质量，让顾客觉得花的是一份钱，买的是几倍的质量。前者只能在菜市场为几毛钱和菜贩子砍价，后者能把连锁店开上一家又一家，成为富翁。巨大的差异只来自于一个简单的道理：肯吃亏又会吃亏的人，既让别人高兴，也让自己得利。

在现实生活中，吃亏与占便宜的界限并不清楚，如果凡事都以吃亏来衡量，那么我们的劳动价值肯定高于工资，这是一种"吃亏"，我们的付出常常大于收获，这也是一种"吃亏"。如果非要这么计较，那么我们每天都在吃亏，时时都会吃亏，生活还有什么乐趣呢？

清代郑板桥写过一句"难得糊涂"，历来人们对这句话有很多种理解，最普遍的一种是对于任何事都不要争个一清二楚，不然就是给自己找别扭。只要不涉及原则问题，只要不会给自己带来特别大的损失，吃点小亏没有什么不好，就当是送一个人情。被人占便宜的时候，只要心中清醒，

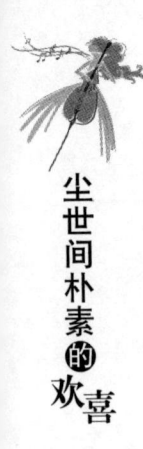

装装糊涂,与人方便与己方便,多少风波就在风轻云淡中消弭,留在心中的只有平安喜乐、悠然自得。

放弃沉重才能得到轻松

那些不能拥有的东西是我们最应该放弃的,得不到的未必是最好的,不必因为得不到它们而耿耿于怀,前方一定会有更适合自己的那一份在等待。

壁虎妈妈正在给小壁虎讲祖先的故事。在世界上还没有人类的时候,动物们占据着森林和草地,每只动物都要为生存而努力。

壁虎的祖先也是这样的动物,它身子不大,有爬上爬下的本领,同时也有很多天敌。这一天,它被一只猫踩住尾巴,眼看就要丧命。壁虎拼命挣扎,猫狰狞地笑着说:"今天你就是我的午餐,别挣扎了,再挣尾巴就要断了。"

壁虎绝望了,它想一只断了尾巴的壁虎是无法活下去的,但出于求生的本能,它还是用力一挣,尾巴真的断在猫的爪子下,趁这个机会,壁虎忍住剧痛逃走了。

"我就要死了,我失去尾巴,马上就会流血身亡。"壁虎这样想。可是,一天过去了,两天过去了,壁虎什么事也没有,又过了一段时间,它发现自己长出了新的尾巴。

"知道吗?在危险的时候,舍弃才是生存的唯一方法!"壁虎妈妈对小壁虎说。

在自然界，壁虎是一种体积小、很容易被吞噬的动物，当它面对强大的敌人时，唯一的自保方法是在被抓到时主动挣断自己的尾巴，靠自己灵活的动作赶快逃命，以此获得生存的机会。观察壁虎，我们能够得到一种关于生存的智慧：壁虎的尾巴会再长出来，生命只有一次，不能因为一时的疼痛就放弃生命，所以敢于放弃是一种勇气。

在人生道路上，我们不断得到一些东西，这些东西中有的很珍贵，而有的是累赘，因为舍不得放手，我们把它们都背在肩上，因此脚步越来越慢，错过了很多机会，也浪费了很多时间。我们没勇气放下这些东西，因为害怕放下就再也找不回来，所以勉强自己，让自己越来越累。殊不知经过漫长的时间，所有东西都成了负担，成了阻碍。新的事物不断出现，你却没有力气去拿，即使拿到，因为承重能力有限，也不能加在自己身上。这就是不懂放弃导致的遗憾。

对旧事物的长期占有也会造成思维的滞后。大学里，很多声名卓著的老教授近年来他们的研究生越来越少。因为考研的学生大多在学校做过调查，他们发现，越是老教授，越容易捧着过时的观念不放，不接受新思想。相反那些年轻的教授虽然经验不足、资历不够，却有很多新想法想要尝试，跟着他们可以学到更多的知识，哪怕是体会更多的失败，也是一种成长。

人的一生应该维持一种"新旧平衡"，保留旧日的好习惯、好经验是重要的，但一定要意识到生活总是不断向前走的，当更加有用的事物出现时，你要保证自己有空间容纳它，有头脑接受它，而不是抱着旧事物不松手。如果旧事物与新事物安排得当，既能让人看到深厚的底蕴，又能让人焕发创新的精神。

下篇　淡是最深的滋味

淘金热盛行的时候，大量美国青年幻想一夜暴富，他们走向西部寻找金矿，约克也是其中一个。他和朋友们带着憧憬走向西部荒原。但是他们他们前方有一条大河，这条大河的两岸没有桥也没有船只，而最近的村庄也在几千米外。

约克和朋友们望河兴叹，一个朋友说："我听说只有极少数人才能淘到金子，我们也许会无功而返，这条河可能是上帝给我们的警示。不如我们现在就回家吧。"

其他几个朋友还在犹豫，约克突然说："这里虽然没有渡河工具，但要从这里去西部的人会越来越多，不如我们买几条渡船带他们过河吧。"朋友们认为约克的提议行得通。于是他们去遥远的村庄买来工具，亲自伐木造了渡船，每天送淘金客们到对岸。日复一日，淘金客乘兴而来，败兴而归，只有约克他们的生意越来越好，成了真正的富翁。

约克和朋友们带着淘金的梦想去了西部，一条大河挡住了他们的去路，当有人提议淘金风险太大，不如立刻返回家乡时，约克却另辟蹊径，提出就地做渡河生意的想法。后来的事情果然如约克所料，他们靠渡河生意成为富翁。试想如果他们不肯舍弃当初的想法，现在可能在西部流浪，也可能在家乡默默无闻。所以，懂得放弃是一种智慧。

据说很多作曲家都有类似的经历：他们正在谱曲时想到一段非常美丽的旋律，但是这段旋律非常不适合手头的曲子。想要写出完整的曲子就要放弃这一段旋律，但如果放弃如此好的旋律又实在可惜。

世界上没有那么多两全其美的事情，我们经常会面对两难的境地。很多时候我们就像作曲家一样，想要谱写壮丽的曲子，却必须放弃一段或几段美好的旋律。

有得必有失，面对选择的时候，我们知道如何取舍，想要得到轻松，就要放弃沉重。那些不能拥有的东西是我们最应该放弃的，得不到的未必最好，不必因为得不到而对它们恋恋不舍，前方一定会有更适合自己的那一份在等待。唯有如此，才能具备一份从容的心态：感谢过去，即使我们不能拥有，却依然受益匪浅。

失去再多都"无所谓"

有时候我们害怕的并不是他人，而是自己的胆怯，当我们把自己吓倒，别人就可以借机对我们为所欲为。

畏惧是什么？畏惧就像一个人受邀参加一场宴会，宴会开始后他却坐在汽车里打怵：担心自己的衣服不够华美，想着要不要回家换一件；担心自己的发型被弄乱，看上去很失礼；担心没有人邀请自己跳舞，很没面子；担心有人邀请自己跳舞后发挥得不好；担心人们看他的眼光、对他的评价……担心来担心去，直到宴会开始也没有勇气推开车门走进会场。这本是一场愉快的宴会，只有当一个人在乎的事情太多时，才会产生畏惧。

很多畏惧并不是事实，只是来自于我们的担心。就像成语"杞人忧天"的主角，整天担心天要塌下来。其实天塌下来又能怎么样？他无力阻止，还不如安心过自己的日子，等天真的塌下来再说。这就是一种"无所谓"的心态。"无所谓"并不是什么都不在乎，而是在乎的地方与别人不一样，多数人在乎的是得失、是结果，"无所谓"的人在乎的是过程，在乎自己的付出和努力。只看事情的结果，也许是一种折磨；重视过程，却是一种享受。

陈先生和陈太太出门度假将近一个月，年前才回到自己家中。在路上，两个人开玩笑说年前是入室抢劫的高发期，因为盗贼都想发一笔财回家过年。本来这是一句玩笑话，没想到当天晚上他们就遭遇了入室抢劫，在他们睡觉的时候，劫匪进入大厅，隐约还可以听到金属撞击的声音。

听到大厅里的动静，陈先生很镇定地说："这位朋友，我知道现在赚钱不容易，你一定是想要回家过节才出此下策。你看这样行不行，我的钱包里有五千元钱现金，书房里有两个笔记本和三个手机，这些你都可以拿去，其他的我也帮不了那么多。如果你同意的话，我就把钱包扔出去；如果你不同意，那我只好马上报警，你就算杀了我，也不一定能跑得了。"

那个劫匪想了半分钟，哑着嗓子让陈先生将钱包扔出去，按照陈先生说的去书房拿了笔记本和手机后逃之夭夭。一年后，劫匪被抓获，据警察说，这是一个入室杀人抢劫的惯犯，曾经在多个地区作案，主人若稍有抵抗就会被他灭口，只有陈先生和陈太太死里逃生。

陈先生和陈太太遭遇了入室抢劫，陈先生不知道对方究竟是什么样的人，他采取了最冷静的方法：和对方谈判，舍弃财物保存性命。后来陈先生知道，来抢劫的是一个经常杀人的匪徒，如果不是陈先生冷静地舍财保命，也许他和太太早就成了刀下鬼。

有些畏惧是自己无中生有，有些畏惧来自切身经历的危险和考验。当生命和尊严面临威胁时，唯有提高勇气。那么勇气来自哪里？同样是一种"无所谓"的心态。当我们面对危险时，首先应该想到最糟的结果，最糟的不过是"失去",能够接受这种结果,自然就能让自己尽快冷静下来,寻找解决问题的办法,而不是惊慌失措,满脑子想的都是悲惨的后果。有时候我们害怕的并不是他人,而是自己的胆怯,当我们把自己吓倒,别人就可以借机对我们为所欲为;当我们冷静下来,就会发现那个想要伤害我们的人内心其实同样胆怯。在很多情况下,"狭路相逢勇者胜"是一句至理名言。

每个人都有胆小的一面,世界上没有那么多人无所畏惧,但有时现实却会逼迫人们学会勇敢。

一个出了车祸高位截肢的人对旁人说:"我也诅咒过自己的命运,可那有什么用呢?现在我安慰自己,出车祸以前我能做的事是一万件,失去双腿之后,我只能做五千件,这就意味着我可以用别人双倍的精力做这五千件事,比他们做得更好。"

接受现实就是"无所谓",接受现实的结果就是你能比旁人更务实、更冷静,更能应对生命中的种种畏惧和挫折。

该放弃时就尽早放弃

所有的坚持应该合乎实际,脱离了实际的事物是不会有发展的。如果在错误的方向用错误的方式一意孤行,就是固执。

一对夫妻结婚后天天吵架,吵得四邻不宁,还经常惊动双方长辈。妻子对闺密们抱怨:"我真不明白,结婚前我们两个有说不完的话,一天不

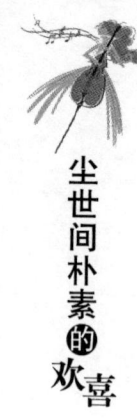

见就像少了什么,为什么结婚后看对方就这样不顺眼,恨不得对方不出现在自己眼前。"

常言道:"劝和不劝分。"闺密们都劝她想开一点儿、体贴一点儿,只有一个朋友对她说:"你们的个性本来就不合,恋爱的时候还能相互忍耐,一旦朝夕相处,缺点就再也掩盖不住了,也难怪双方受不了了。有些人不适合走入婚姻,建议你们好聚好散吧。"朋友们大惊失色,没想到她会说出这种话,纷纷责怪她。

可是,就像这位朋友说的,若是夫妻性格不合,又都不想为对方改变,根本无法一起生活。半年后,他们的感情彻底破裂,还是选择了离婚。离婚后的女人对朋友说:"其实我也早就知道不合适,但总是想着再试试、再忍忍。早知如此,我半年前就该听你的话才对。不够果断,害的是自己。"

常言道:"宁拆十座庙,不毁一桩亲。"故事中的朋友眼见女主人公不适合再维持这段婚姻,索性做个"恶人",提醒她赶快放弃。人只有真正学会判断,学会放弃那些不适合自己的东西,才知道什么适合自己、什么对自己最好。如果遇事优柔寡断,总是放不下,就只能和不如意的现状纠缠不清,无法清静。

世界上很多坚持其实并不值得。就如事例中天天吵架的夫妻,都不能做到相互理解,感情不再,存在的只是对彼此无休止的抱怨,也许不久后抱怨就会变成怨恨。这种坚持换来的不会是守得云开见月明,而是更坏的结果。这个时候,坚持只是让不愉快的经历延长,浪费时间、浪费感情。与其如此,不如当断则断。

有时候面对烦恼,我们会劝自己"将就一下",但"将就"有什么意义呢?"将就"只会使本来就不可调和的矛盾再多酝酿一阵子,很多时候将就就是和稀泥，把原本的烦恼搅在一起保持暂时的和平，事实上并没有改变它的本质，总有一天它还是会爆发，那时造成的伤害可能会更大，不如在该放弃的时候尽早放弃。

安易的一位朋友失恋了，安易等到周末就赶快去了朋友家，想要安慰这位朋友。没想到当安易到朋友家的时候，朋友竟然没有消沉。安易说："真没想到，你恢复得这么快。"

"哪里哪里，我也是伤筋动骨，不过我虽然伤心，却能想开。"

"想开？你怎么想开的？"

"我想起以前我的姐姐来我家，看到我养的兰花很羡慕，我想送她两盆，你知道她说什么吗？她说虽然她很喜欢花，但她不是养花的人，不懂得养花技巧，也不知道花的习性，如果把兰花放到她家，就会糟蹋了兰花。我想恋爱就像养花，养不好这一朵，就不要霸占着它，有时候放弃反倒是最好的结局。"

好梦向来容易醒，失去爱情是人生中伤心的事之一，失恋的人容易消沉，容易借酒浇愁，也容易从此再也不相信爱情。这样的人看上去已经放弃了这段感情，其实还在为这段关系纠缠，并让一个不愉快的结果长久地影响自己的心境与人生态度。而事例中的这位朋友就很豁达，知道"缘来躲不了，缘去莫强求"，自己不合适对方，不如让对方去找更好的，潜台词是对方不适合自己，自己也会找到更好的另一半。

通常我们总是强调坚持的重要性，似乎坚持等同于"精诚所至，金石为开"。但在现实生活中，"精诚"是有的，却不一定能换来"金石"，倒有可能因为错误的坚持而耽误远大的前程。要知道对一个选择的坚持，既可能让你走得更远，也可能让你无路可走。

　　坚持应该合乎实际，如果在错误的方向用错误的方式一意孤行，就是固执。还有很多人明明知道这一点，但是不愿意摒弃自己的错误。因为他们已经为此付出了各种各样的努力，认为中途放弃不仅是否定自己，也浪费了那些花费掉的时间和精力。这个时候我们就需要有一个豁达的心态，因为此时的放弃是为了避免更多的错误与失败。有时候，放弃也是一种坚持，是对生命的负责、对前程与更好未来的坚持。

用看风景的心情看待人生

　　俄国著名文学家普希金的诗歌《假如生活欺骗了你》这样写道："假如生活欺骗了你，不要悲伤，不要心急，忧郁的日子里需要镇静，相信吧，快乐的日子将会来临。"

　　痛苦、失败和挫折是人生必须经历的。受挫一次，对生活的理解就加深一层；失误一次，对人生的领悟便增添一级。从这个意义上说，想获得成功和幸福，想过得充实和快乐，首先就需要真正领悟失败、挫折和痛苦的意义。

　　英国一家保险公司曾经从拍卖市场拍下一艘船，这艘船原来属于荷兰一个船舶公司，它自1894年下水，在大西洋上曾遭遇138次冰山、16次触礁、13次失火、207次被风暴折断桅杆，但它却从来没有沉没。

据《泰晤士报》统计，截至 1987 年，已经有 1200 多万人次参观了这艘船，参观者的留言有 170 多本。在留言本上，留得最多的一条就是——在大海上航行没有不带伤的船。

"在大海上航行没有不带伤的船。"这是一句多么激励人心的话，在生活中，我们是不是也应该这样勉励自己呢？失意是不可避免的，但是只要我们正确地看待挫折，敢于面对挫折，在痛苦面前无所畏惧，克服自身的缺点，在困难面前不低头，那么顽强的精神就可以征服一切。没有什么能夺走你的一切，失意只会让你更强大。

俄国著名诗人普希金的诗歌《假如生活欺骗了你》这样写道："假如生活欺骗了你，不要悲伤，不要心急，忧郁的日子里需要镇静，相信吧，快乐的日子将会来临。"既然每个人来到这世上都会有不如意，那么不如放宽心吧！也许我们不够富有，也许我们的日子很苦很累，但至少我们还有活力，有动力。

生命对每个人来说都是平等的，那么该如何把握生活、享受生命呢？用微笑来面对吧！微笑可以让你在寒冷的冬天也会感到生活的温暖，在漆黑的午夜也能看到希望的曙光。用微笑来面对生活，用微笑来面对每个人、每件事，你就会看到灿烂的阳光，迎接你的必定是一路的鸟语花香。总之，心宽者淡定，淡定者一定多快乐。

艾莉是一个十岁的小女孩，按照一般人的眼光来看，她长得不是很好看，但其实问题并不是她的五官长得不好看，而是搭配有点儿偏离正常比例。这一点致命伤足够让一个十岁的小女孩产生自卑了。艾莉时常在心里抱怨上天的不公、自己的不幸，由于外貌的原因，她几乎从来没有露出过笑容。

逐渐长大的艾莉越来越自卑，这让母亲看在眼里，疼在心里。一天，为了帮助女儿摆脱心理困境，母亲把艾莉拉到照相馆，一定要为女儿拍一组照片。在照相馆中，母亲的要求很奇怪，她让女儿在拍照片时保持微笑，但不让摄影师拍她的整张脸，而是逐一对她的眼睛、鼻子、耳朵、嘴巴等五官单独拍特写。之后，母亲又偷偷拿出美国著名女星玛丽莲·梦露的照片，让摄影师翻拍，同样要求摄影师把照片上的五官一一分开。

几天后，照片冲洗出来了，母亲就把女儿的五官照片和著名女星玛丽莲·梦露的五官照片一一对照贴到女儿卧房的墙上，然后拉过艾莉，让她仔细看着那些被分割的照片，并对她说："和世界上最著名的美女比较，你哪个地方比她差呢？"女儿迷惑不解地看了看母亲，将信将疑地端详起那些照片来。后来，她还把自己的这些照片给她的闺密看。闺密在不知名的情况下，有的说她的眼睛比另外一组照片的眼睛迷人，有的说她的嘴巴更性感。渐渐地，她相信了母亲的话，觉得自己并不比玛丽莲·梦露差。艾莉的心结终于解开了，她开始对别人微笑，对自己、对生活都变得更加自信了。

人无完人，世上每个人都存在这样那样的缺陷，当你换个角度来看时，这个缺陷不但并不致命，甚至可以忽略不计。人有生理缺陷当然遗憾，但它既已存在，我们就该勇敢面对，泰然处之，放宽心微笑待之。

一个女孩有一副动人的歌喉，她唱起歌来委婉美妙，像百灵鸟一样，但令人遗憾的是她长着一口龅牙，十分难看。因此，虽然很多人鼓励她参加唱歌比赛，但也不对她抱太大希望。在比赛过程中，女孩为了掩盖自己的缺陷，总是尽力避免将嘴张大，可这样一来，反倒影响了她的表演，结果表演搞砸了。

就这样，几次参赛下来，女孩几乎对自己绝望了。但在一次比赛中，一位评委发现了她的歌唱天赋，并鼓励她说："你有唱歌的天赋，我相信你一定能够取得成功，但你必须忘掉自己的龅牙。"

在这位评委的帮助下，女孩渐渐走出了心理阴影。在一次全国大赛中，她凭借极富个性化的演唱俘获了观众，征服了评委，最终脱颖而出。她就是著名的流行乐后凯丝·达莉。

上帝总是公平的，他在为你关上一扇门的同时，总会为你打开另一扇窗。我们不必为自己的平庸或缺陷感到自卑，只要善于发现，我们完全可以从这些缺陷中找到有价值的一面。只要我们能以一种平和、淡定的心态来对待人生、笑对人生，那么自己所有的缺陷看起来都是微不足道的。

人生亦当如此。人生不无遗憾，当我们与不幸不期而遇时，应该抱着"既来之则安之"的心态，宽容以待。当你把自己生命中一切遭遇都看作或圆满或凄美的风景，当我们用看风景的心情来看待人生旅途时，一切都会归于淡然和美好。

一切向前看

我们不必忘记过去，但不能留在过去。时光匆匆，未来还有漫长的路要走，留在过去就限制了自己的人生，把自己的潜力留在那一小点上。而

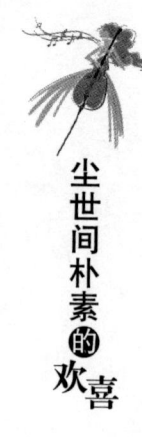

我们应该做的，就是向希望的未来迈进。

人们难免怀念过去，不论悲哀欢喜，都是我们曾经经历过的人生，也是不可替代的珍贵回忆。如果现实生活不如意，人们就会倾向于美化过去。在他们心中，过去的天比现在的天蓝，过去的人比现在的人单纯，过去的情感比现在的情感纯真，过去的一切都有明亮的色彩，而现实却是黯淡的、苦闷的。沉浸在这种怀旧情绪中，人的精神也会跟着低落。

还有一些人总是对过去受的伤害念念不忘，也许是受伤太深的缘故，他们总是反复诉说、悔恨，恨不得时间倒转重来一次，再做一次选择。他们认为自己是受害者，长久地抓着过去不放。事实上，过去就是过去，过去不会对你负责，也不会对你做出任何补偿，你缠着它，耽误的是你自己，为难的也是你自己。

高中时，林奇与三个同班同学是好兄弟。高中毕业后，林奇考上了上海的一所重点大学，三个朋友也各有出路，他们相约大学时一定要好好努力，今后做出一番事业。

大学时，林奇一直记得当初的约定，刻苦学习。但他发现大学里人与人之间的关系不像高中时那么简单，他和舍友、同学相处得不是很好，所以很怀念高中时与三个兄弟同进同退、推心置腹的那种友谊。

大学毕业后，林奇本来可以在一家很好的企业工作，但因为怀念高中时的朋友，他决定回家乡，和几个朋友相聚。

没想到时间改变了许多事，朋友们的外貌并没有太大变化，但各自有了各自的事业、家庭，见了面也没有多少共同语言。林奇对此感到十分痛苦，他觉得朋友们忘记了当初的约定。朋友们却对他说："并不是我们忘了，而是各人有各人的生活，每个人都要面对现实，过去的话就当作美好的回忆，我们只能为现在、为将来活着。"

消沉了一段时间后，林奇决定回上海发展，他认为自己也该潇洒一点儿，活在当下。

过去的情谊的确是美好的，曾经的誓言想起来就会激荡人心，事例中的林奇想要找回曾经在一起的奋斗伙伴，但每个人都有了自己的生活。过去的一切并非是假的，只是努力生活的人都知道，最重要的不是过去说了什么，而是现在要做什么。

豁达的人能够正视过去，从过去的美好中，他们知道了生活的重要、情谊的重要，过去让他们相信人性、相信真情，这就是回忆的正面力量；同样地，从过去的伤痛中，他们愿意检讨自己、吸取经验，让这份伤痛也变成一份财富。不论美好与否，他们都清楚地知道自己手中应该拿着什么，心中应该放下什么。

我们不必忘记过去，但不能留在过去。时光匆匆，未来还有漫长的路要走，留在过去，就是限制了自己的人生，把自己的潜力只留在那一小点上。一切必须向前看，人始终要向前走。我们不必于执拗于过去的梦想，也不用因回忆而过分伤怀。过去既然已经过去，就把一切当成一份珍贵的回忆，豁达地面对那些悲哀欢喜，然后洒脱地走出来，迎接更好的明天。

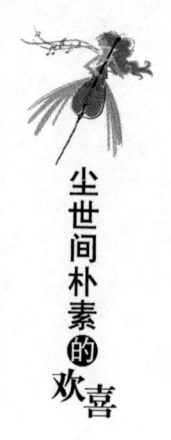

第七章 淡名利，闲看庭前花开花落

面对名利，我们需要一颗足够淡然的心，唯有如此，才能把握名利，而不是被它支配。在能够控制的范围内，名利会为我们带来很多，但是如果我们没有一颗淡然的心，那么名利就会成为我们的负累，我们所追求的幸福也将成为一种负担。

平平淡淡才是真

我们的生活不是戏剧，不需要那么多曲折的情节，不需要那么多耀眼的灯光，不需要那么多美言佳句，只需用心体会平平淡淡的幸福。

在这个急功近利的社会，许多人将权力与金钱作为人生奋斗的目标，在追名逐利上下功夫，他们追求生命中的所谓的华彩，哪怕只是短短的瞬间，与此同时他们也鄙视风平浪静、波澜不惊的人生。

殊不知，红尘世界既不是有钱人的世界，也不是有权人的世界，它是有心人的世界。心灵被虚荣所驱使，被物质生活所累，纵使身居显赫、腰缠万贯，也终究体会不出自身生命的精彩，难以感受到生活的意义。

"曾经在幽幽暗暗反反复复中追问，才知道平平淡淡从从容容才是最真"，这是一首耳熟能详的歌，歌词虽然通俗，道理却很深刻。始终保持一份恬淡的心境，享受平平淡淡的生活，这才是生活的常态。

我们的生活不是戏剧，不需要那么多曲折的情节，不需要那么多耀眼的灯光，不需要那么多美言佳句，因此我们受到利益、名声、荣耀、地位等诱惑的时候，需要静下心来，用心体会平平淡淡的幸福。

演员范伟曾经演过一部电视剧《老大的幸福》，他在剧中扮演的傅老大是一位普通的足疗师，不如做董事长的老二有钱，更不如做处长的老三有权，也没有做演员的老四风光，不及做教师的小五体面。

但是，在兄妹五人之中傅老大却是最幸福的。傅老大的弟弟妹妹们虽然有权、有钱、有名、有面，但他们却为名利所累。身为房产公司董事长的老二一切行动都是公司至上，一切从利益出发，与他人的关系几乎都是赤裸裸的金钱关系；官居显位的老三一心想要往上爬；是明星的老四怀揣着大腕梦想，在娱乐圈的潜规则中痛苦周旋，逢人便笑，而心里的苦只有自己知道；身为教师的小五，被学生家长闹得狼狈不堪，只好抛弃真情攀富求贵。

总之，他们有钱的想要拥有更多的钱，有权的想要拥有更大的权，风光的不满足现状，体面的终日为升迁无望而烦恼。虽然他们的物质生活比起老大来优越许多，可是在他们的内心深处距离幸福却很远，最终他们谁也没有傅老大幸福。

傅老大通过做足疗自己挣钱养活自己，只想过一种平平淡淡的生活，在他的眼里，"腌鸭蛋一吃，嘿，就是幸福"，所以他比那些有"事业"、有"粉丝"的弟弟妹妹们要幸福多了，也给他们生动地上了一课，让他们明白什么才是幸福生活。

就像范伟主演的傅老大一样，他不在乎手里有多少金钱，也不在乎自己手上有没有权力，更不在乎自己是不是体面，他甘心过如此风平浪静、波澜不惊的生活，还让自己过得踏踏实实、舒舒服服，这就是幸福。而他的那些弟弟妹妹们，一味地追逐金钱、权力、地位，最终难以体会到自身生命的精彩来，为此都极为烦恼。

静下心来，调整心态，淡然地看待一切虚荣吧。

要知道，一个人的一生，虽有轰轰烈烈的辉煌，但更多的是平平淡淡。有句话说："人生是5%的刺激、5%的痛，再加上90%的平淡。我们为了5%的刺激而忍受5%的痛，然后用90%的平淡来度过。"

"繁华过尽皆成梦，平淡人生才是真。"一切最简单的，都是返璞归真的。面对着太多的诱惑，面对着浮躁的社会，面对着浊水横流的尘世，人需要保持一份恬淡心境。就像辜鸿铭先生说的，一个人如果能受得了平淡，才是真正的修养到家。

"石油大王"洛克菲勒年轻的时候，在一家石油公司找到了工作。他学历不高，也不会什么技术，他的工作很简单，甚至连小孩儿都能胜任——在生产车库，装满石油的桶罐通过传送带输送至旋转台上，焊接剂从上方自动滴下，沿着盖子滴转一圈，作业就算结束，油罐下线入库。

洛克菲勒的工作就是注视这道工序，查看生产线上的石油罐盖是否自动焊接封好。从清晨到黄昏，他过目几百罐石油，每天如此。很多人都劝说洛克菲勒应该换一个高薪高职的工作，毕竟这份工作太简单、太无聊了。

不过，洛克菲勒并不那么想，他每天都认认真真、全心全意地工作，干得不亦乐乎。时间长了，他发现罐子旋转一周，焊接剂共滴落39滴，焊接工作即结束。洛克菲勒开始思考了：是否有什么可以改进的地方呢？如果能把焊接剂减少一两滴，是不是可以节省生产成本呢？

说干便干，一番试验之后，洛克菲勒研制出了一款38滴型焊接机，虽然只节省了一滴焊接剂，但这项发明每年为公司节省了五亿美元的开支。凭借此贡献，洛克菲勒逐步走向这家公司的高管，并最终成为美国第一代亿万富翁。

尽管工作相当枯燥无聊，又极其简单，但洛克菲勒没有急于换高薪高职的工作，更没有随便应付工作，也没有推诿，而是用心做好手头上的工作，享受这份工作中的平淡，最后他做出了不俗的成就，得到了公司的重用。

洛克菲勒的成功经验再一次向我们证明：不为外界的纷争所扰，不被虚荣心所控制，认认真真地经营好现在，那么即使再平凡的岗位上也能做出不俗的成绩，再平淡的生活也能带来无尽乐趣。

世间万物都是在平淡中的。小草是平淡的，它用自己轻柔弱小的生命，铺就了绿色大地；水流是平淡的，它坚持不懈，能把顽石击得千疮百孔；母爱是平淡的，却能使铮铮铁汉潸然泪下……

虚荣时静下心来，有所求而亦无所求，远离庸俗的功利思想，拥有一颗平淡之心，你就拥有了宁静、淡泊、从容和美好。在平平淡淡的生活中领略人生的无尽乐趣，充实自己的人生吧！

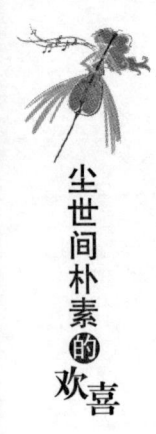

尘世间朴素的欢喜

把虚名拨向身之外

世人只知道拥有名声地位是令人快乐的事,却很少有人知道不在意名声地位的快乐才是真正的快乐;世人知道挨饿受冻是令人忧虑的事情,却很少有人意识到不愁吃不愁穿但精神上有某种痛苦才是真正的痛苦。

不知从何时开始,鲜花和掌声在这个社会中成了功名的附属品,而这些功名的确能在不同程度上满足一个人的虚荣心。因此许多人无时无刻不幻想着手捧花环、万人簇拥的情景,这种人热衷于追求功名。

殊不知,不能守住心灵的净土,迷失心智,刻意追求那些看不见、摸不到的虚名是导致我们心态失衡、身心疲惫的罪魁祸首,这样做终究会应了唐代诗人吴筠那句"虚名久为累,使我辞逸域"。

世人只知道拥有名声、地位是令人快乐的事,却不知道没有名声地位的快乐才是真正的快乐;世人知道挨饿受冻是令人忧虑的事情,却不知道不愁吃不愁穿但精神上有某种痛苦才是真正的痛苦。

蓓姬·夏普便是一个例子,她是英国作家萨克雷名作《名利场》中的女主人公。

蓓姬·夏普出身寒门,她的父亲是一个平庸的画匠,母亲是个受人鄙视的歌女,均已亡故,死后没给她留下一分钱。贫穷的生活使她不顾一切想要走入伦敦这个大都市,希望自己能够在上流社会获得一席地位,成为一名尊贵的妇人。

蓓姬·夏普很漂亮,美貌是她左右逢源的武器。进入伦敦后,她趋炎附势、阿谀奉承,费尽心机地想让伦敦的上流社会接纳自己,可是那些上层社会的人只会谈论那些光鲜的人物,他们都戴着有色眼镜"注视"着蓓姬·夏普,就连玛蒂尔达夫人家里的侍女也瞧不起她的谄媚。

当残酷的现实一次次地摧残蓓姬·夏普内心仅存的希望,当名誉的诱惑一次次地向她发起挑战时,她不知所措。后来嫁给一个上流社会人士成了她空虚灵魂深处的救命稻草,也成了她唯一的信仰。接下来,蓓姬·夏普利用自己的年轻美貌,赢得了考利家族最有可能的继承人、军官罗顿的欢心,两人秘密结了婚,因为考利这个姓氏会让她感觉到自己在这个都市的生存意义。

结果,因蓓姬·夏普卑微的出身,罗顿失去了财产继承权,两人离了婚。蓓姬·夏普借助一切力量迈进所谓的上流社会,将真情与友爱遗忘到九霄云外,用尽心机,最终还是不名一文,她的一切心机全部白费了。

世人为了更高的职务、更高的地位不择手段,在不知不觉中玷污了自己纯洁的心灵,即使捞到了丁点儿名利上的好处,却已不受人喜爱,这才是真正的悲剧。

浮生一梦,须臾而逝,我们只不过是沧海一粟的过客,虚名终究只是一个晃人眼的光环,何必为了一个没有实质意义的"虚头彩"而沉陷为奴呢?更何况,功名再大也逃不脱生死,每个人离去后,他的生前身后的名声都将随即飘落。

不要再等"虚名白尽人头"的时候才痛心于那些光环、泡沫的破碎。静下心来,不要把那些一时耀眼的虚名看得那么重,把"虚名拨向身之

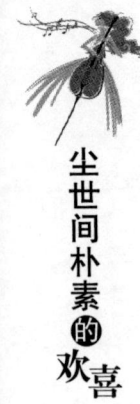

外"吧。看淡虚名，保持一种恬淡悠然的心境，一些更实在的东西才能被我们把握。

古往今来，那些大学问家都是这样做的，他们不屑于个人的名誉，而是将全部的心血和才华投入自己喜爱的事业中。所以，他们一方面能够享受心如止水的淡然，另一方面也能水到渠成地获得惊人的成就。

居里夫人是法国籍波兰物理学家、化学家，她一生崇尚科学，先后共获得十次各种各样的奖金、各种奖章16枚、各种名誉头衔共117个。但是，在这些至高的功名面前，她都能保持一种安心随意的态度。

在法国和波兰，有关居里夫人的"奖牌只是玩具"的故事可谓家喻户晓：

有一天，一位朋友到居里夫人家中做客，看到居里夫人的小女儿正在玩英国皇家学会刚刚颁发给她的一枚金质奖章。朋友大惊道："英国皇家学会的奖章怎么能给孩子玩呢？这可是至高的荣誉呀！"

居里夫人看罢，淡淡地笑了笑说道："这有什么不可以，我是想让孩子们从小就知道，荣誉其实就像玩具一样，只能玩玩而已，绝不能永远守着它去生活，否则一辈子终将一事无成。"

不仅如此，居里夫人还毅然拒绝了一百多个荣誉称号，声称自己只要实验室。正是她始终在荣誉面前保持一种宁静、淡然的心态，一心倾注于科学研究，才使她能够获得两次诺贝尔奖，最终到达辉煌的科学巅峰。

的确，功名就像是玩具，它生不带来死又不能带去，与其一生为它所累，还不如用一颗平常心来看待它。踏踏实实做点实事，生活才会越过越洒脱。

漫漫红尘岁月，无论多么浮华劳碌，我们都要时常静下心来，给心灵留一方净土，淡泊名利，不为功名而生存，不为功名所劳累，更不要为追逐功名失去气节——处之泰然，不惊不喜；失之淡然，不悲不怒……

把自己放低，做个真正的实力派

名利是负累，过去的成绩会阻碍你前进。不必一直强调自己是什么样的人、有什么样的资历，重要的不是你曾经做了什么，而是你现在能做什么。

一个大四学生想要留在大都市，几经求职都找不到合适的工作，他的心情越来越沉重。他家庭贫困，家里不能为他提供生活费，生计问题切切实实地摆在眼前。这一天，他在食堂闷闷不乐地吃着饭，这四年来，他最喜欢这个窗口的饭菜，几乎天天光顾。

食堂里没有什么人，窗口的老板坐下来和他闲聊。知道了他的困难，老板说：："大学生不是找不到工作，而是眼光太高，很多工作都不愿意做。如果你真想找个活计，我可以给你提供一个选择。我最近要回外地陪父母，这个窗口没人管，我看你人挺诚实，不如你来帮我管一管这个窗口，就是帮我给学生卖饭。我在外面还有几个饭店，如果你做得好，以后你也可以去那里工作。"

这个学生本来想拒绝，但想到老板是一片好心，自己又急需生活费，最终他还是答应了这件事。

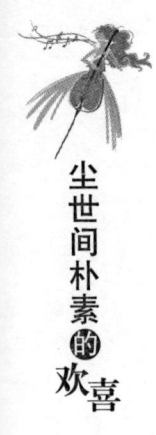

尘世间朴素的欢喜

起初,面对老师、同学、认识的学弟学妹惊讶的目光,他觉得脸上发烧。但没过几天他就镇定下来,慢慢地熟悉了这样的环境,做起这些事来也更加得心应手了。他准备在老板手下好好学习几年,以后自己也开个饭店。

大学毕业,就业是个难题,多数人希望留在大城市、进大公司、有大作为……追求这些"大",是因为他们认为自己是天之骄子,必须做大事,否则就辜负了自己四年的学习。那些硕士、博士眼高心更高,心志更大,普通的工作他们甚至都不会考虑。他们太过看重自身的一点儿成绩,追逐的不过是一点儿名利,无形中,他们就对这个世界端起了架子。

每个人都希望自己有端架子的实力,但多数人只有空架子。一旦他们看重了一点儿虚名,就站在架子上不肯下来。别人都在辛辛苦苦地为"地基"添砖加瓦,他们却坐在空架子上自诩自己高人一等。事实上,那高度是虚的,一有风吹草动,别人安享着结实的房屋,他们却在架子上摇摇晃晃,后悔当初还不如放下身段,踏踏实实地从基层做起。

名利是负累,过去的成绩会阻碍你前进。不必一直强调自己是什么样的人、有什么样的资历,重要的不是你曾经做了什么,而是你现在能做什么。太过强调自我的人往往色厉内荏,被别人当成纸老虎,根本不被放在眼里。那些懂得隐藏成绩、把自己放低的人才是真正的实力派,他们平日不声不响,却总能给人意外的惊喜。

罗尼是一家小超市的老板,是个和蔼的胖子,他给的工钱不多,但来他的超市打工的人都很喜欢他,因为他是一个没有架子的人。

安妮一直在罗尼的超市打工,从大一到大三,她说自己跟着罗尼先生学会了很多东西。她刚来这个超市打工的时候，有一次她在收款的时候出现失误，导致顾客对她大骂。这时，罗尼先生很平静地对她说："如果我是你的话，我就对顾客道歉，和平地解决这件事，因为不论谁是谁非，影响的都是自己的形象和超市的声誉。"

后来，安妮发现罗尼先生从不摆老板架子教训人，当他想要提出什么意见，总会以朋友的口吻说："安妮，如果我是你，我会……"这样一来，安妮即使做错事被批评，也不觉得难堪，反倒觉得罗尼先生是真心实意为自己着想，鼓励自己。再后来，安妮加入学生会，成为部门干部，她在工作中也像罗尼先生一样，果然与部员相处融洽，大家都夸她是个好"领导"。

架子和面子是两回事，经理应该有经理的威严，维护自己的面子，但不一定总是要做出高人一等的姿态教训手下、训斥他人。故事中的罗尼先生在批评他人时注意交流方式，不给人脸色，不让人难堪，即使是批评，也让人感到温暖与关心。这样的人才能得到员工真心的喜爱和敬重，更有面子。

有人做事喜欢端着架子，俨然把自己当成一个人物，以为这样就不会被人小瞧。事实上，你端着架子，未必让你看起来有多少丰功伟绩，反倒伤害了你与他人之间的感情，容易造成他人情绪上的对立。端着架子的人很像树上的猴子，人们看到的不是它灵巧的身手，而是那红彤彤的屁股，难免要在心里嘲笑、轻视这种肤浅。

自重的人只对自己端架子，一颗禅心就是一个架子，放在上面的不是虚名与负累，也不是疑心和思虑，更不是与人相处时的那点儿小小虚荣，而是人生的起伏和一份平稳的心态。比起那点儿可怜的仰视，他们更重视

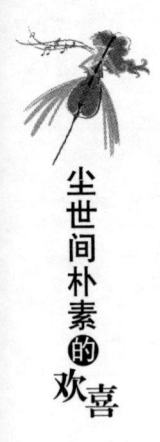

人与人之间的平等交流,他们对别人会放下架子,只保留欣赏与尊重,就算有再多的成绩,他们看上去依然平易近人、和蔼亲切。

看淡名利,把握人间浓情

名与利都是身外物,不能与真情相比。没有真情,只有名利的人生,就如一顿只吃盐的宴席,只有咸和苦。

在古代,盐是珍贵物品,很多人一生都没见过盐。寺庙里过着清苦生活的和尚更是如此,他们每天粗茶淡饭,小和尚们只有随师父出去做客时才能吃到一些好东西。

一次,一位财主邀请寺里的僧人前去做客,师父带着小和尚到了财主家。小和尚第一次见到盐,他问财主:"这是什么东西?为什么要把它加进饭菜里?"

"这是盐,把它加进饭菜里,饭菜就会变得美味。"财主说。他吩咐下人多给小和尚加饭,然后和师父聊了起来,他说:"近日常觉心神恍惚,但看了大夫后,大夫说我身体很好。"

"我想这是富贵太盛所致。"师父说。

"富贵太盛如何致病?"财主问。

"人生富贵正如饭菜里的盐,作为佐料,可使饭菜更有滋味;但如果只吃盐,就会苦涩难忍。你虽然家财万贯,却没有合意的妻子、能够谈心的朋友,怎么能不心闷呢?如果能放下对金钱的执念,留意家眷的心情,时常与三两老友相聚，又怎么会心神恍惚？"财主看到吃饭吃得香喷喷的小和尚后，深以为然。

人情如饭，富贵如盐，人与人之间的维系靠的就是一份感情。以利益维系的人，利益在时聚在一起，利益不在时形同陌路，利益冲突时反目成仇。名与利都是身外物，不能与真情相比。没有真情，只有名利的人生，就如一顿只吃盐的宴席，只有咸和苦——就像故事中倍感孤独的财主，他虽然有能力享受人生，却不知该如何享受。

有时候人们会觉得空虚，明明自己有很好的生活、很高的地位，却觉得心灵空荡荡的，没有着落。如果做出成绩却没有亲近的人祝贺，遭遇挫折却没有友善的朋友协助，人生就只剩下孤独。而有了喜悦能够和人分享，有了痛苦有人愿意分担，就像海上的船能看得到港湾，这样的人生才能让人心安。

心安者不独。在汉语中，"独"字代表单一和孤立。人生漫漫，我们需要他人，这种需要并无功利性质，否则一切照顾都可以用金钱买到，何来感情？我们需要的是他人对自己真心的对待，特别是在生病时、伤心时、彷徨时，他人的关怀就尤为重要。金钱可以买到很多东西，但买不来真情真意，所以重情的人淡泊名利。

村里有位年近70岁的老大爷，平日酷爱养花。有一次，老大爷的儿子给他寻找到好品种的菊花种子，第二年秋天，老大爷的花园里开满了美丽的菊花，香味一直飘到村头。老大爷经常在花间漫步，有时喝上一杯酒，很有"采菊东篱下，悠然见南山"的感觉。

村里的人看了心生羡慕，都来向老大爷讨要菊花，想要移植到自己家

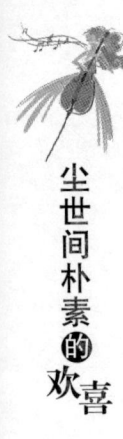

中。老大爷很慷慨,只要有人来要,必然挖出开得最好的送给那人。没过多久,一花园的菊花就送得干干净净,老人的院子里只剩下一堆土,但他仍然每天散步喝酒,飘飘若仙,村里人看了都称赞他。

老大爷的儿子回来看老大爷,只见花园里一朵花也没有了,便奇怪地问:"怎么,我送您的菊花种子不能开花?"老大爷说:"怎么不能开花,你难道没看到村子里每家每户都有你送的菊花。"儿子仔细一闻,果然每家每户都飘着清雅的菊花香气。

淡泊名利的人能够接近禅境,在他们心中,感情就如花香,不必拘于自己的园子,将它放在更多的地方,就会让更多人享受到一份怡然。故事中的老人不计较个人的得失,他认为好花就要由众人一同欣赏,一个园子的花香只是剪影,一个村子的花香才是风景。

禅心之上处处皆是风景,因为把名利看淡,注重的便是人生的那一份欣慰。很多事可以自己做,但如果和他人一起做,进度就格外快,感觉也格外好。享受彼此扶持的那份情谊,也享受了两心相安的依靠感,这样的人生才会踏实温暖,让人留恋。

重情的人不会被他人孤立。你看重什么,自然会着意维系,不会冷眼看着他人遭受厄运,也不会损人利己、只顾自己的名利。不必说富贵如浮云,这样说的人未必做得到;也不必感叹人情冷暖、世态炎凉。如人饮水,你的水温应该由自己调节。将那些身外之物看淡,体会和把握人世间的真情,只有如此心境才能安稳,生活才有真正的滋味。

斩断名利之绳

只要名利之绳、欲望之牢还在，我们就只能转来转去，怎样也转不出人生三千烦恼。只有斩断名利之绳，丢掉欲望，才能活得自在。

古语有云："画地为牢。"以示惩戒之意。今天人们依然在"画地为牢"，只不过困锁的不是别人而是自己。金钱、权势、名利等，不断将欲求的枷锁捆绑住自己，为了这些生不带来、死不带去的身外之物，人们不惜去消磨自己的快乐，交换自己的幸福，甚至出卖自己的良心。

很多人热衷于求取功名，于是他们为了求取功利不惜一切代价，然而功名一旦有了就放不下；世人皆图钱财，钱财一旦有了唯嫌不够，还要挣更多；人不能没有事业，然而事业一旦有了就更加放不下，不惜牺牲自己的快乐幸福，甚至青春岁月。正是这些身外之物缠绕着我们的身心，使我们陷入世俗红尘的泥淖中不能自拔。

名利、欲望、奢求就如同"罗刹"一般，始终诱引着人们。为了钱、为了权，即使知道它是可怕的，却又忍不住去注意它。当你惹它注意时，才发现它有多么可怕，但你已经无法摆脱它了。

一个年轻人想去智者家求学，路上碰到了一件极为有趣的事，就想以此来考考智者。年轻人来到智者家，恭恭敬敬地拜访完智者后便入了座，与智者一边品茶，一边闲谈。突然，年轻人冷不防地问了智者一句："什

么是团团转?"

"皆因绳未断。"智者随口答道。

年轻人听到智者这样回答,顿时目瞪口呆。智者见状,便问:"你怎么这样惊讶啊?"

"不,老先生,我惊讶的是,你是怎么知道的呢?"年轻人说:"我今天在来的路上,看到一头牛被绳子穿了鼻子,拴在树上,这头牛想离开这棵树,到草地上去吃草,谁知道它转过来转过去无论如何都脱不开身。我以为先生没看见,肯定答不出来,哪知先生一下就答对了。"

智者微笑着说:"你问的是事,我答的是理,你问的是牛被绳缚而不得解脱,我答的是心被俗务纠缠而不得超脱,一理通百事啊!"

年轻人顿悟。

虽然智者的回答并不关牛的事,但因为他对世事看得穿、看得透,所以一个答案能解千愁。我们自己有时候不是也被一根无形的绳子牵着吗?就像那头老牛一样围着那些不相干的身外之物团团转。

只要名利之绳、欲望之牢还在,我们就只能转来转去,但怎样也转不出人生三千烦恼。那么我们怎样才能寻得超脱、找得自在呢?恐怕要斩断欲望之绳和丢掉欲望才行。

斩断名利之绳,对活在现代社会的我们而言,就是要斩断心头的压力和欲望。压力也好,欲望也罢,只会让我们把人生的道理想得越来越复杂,结果生活也越来越复杂,这根绳索便越缠越紧,再也不能解开。其实,如果踏踏实实做事、规规矩矩做人,功名利禄能得便得,不得也无所谓,必要的时候放下,这才是最现实可行的办法。

所谓丢掉,不仅是指物理上的抛弃,更是心理上的"放空"、"看淡"。我们之所以总是与烦恼、变故不期而遇，就是因为丢不掉那些身外之物，以至于让它们牵绊着我们的身心。只有放空自己，才能有更大的空间来容纳其他事物。在你的家里、办公室里，目光所及的任何事物，还有任何看法和回忆，甚至某个人，只要是让你心情沉重的或产生不好情愫的，就应该把它们丢掉。

去除了一切身外之物，就驱除了一切邪佞魍魉。人其实是一个有趣的平衡系统。当你的付出超过你所得的回报时，你便会取得某种心理优势；反之，当你所得的回报超过了你的付出，甚至达到不劳而获的地步时，便会陷入某种心理劣势。人是用物质上的不合算来换取精神上的超额快乐的。有时，太过追求物质利益，看似得了便宜，其实却在不知不觉中透了支。

一个妇人的丈夫开了一家公司，生意红火，这让他不得不没日没夜地忙碌。妇人的儿子又去了很远的地方读书，几个月才回家一次。

因此妇人一个人在家里，终日无所事事，便觉得不快乐。

丈夫心疼妇人，便时常劝她说："你去亲戚朋友家走走，跟他们聊聊天、打打麻将，这样才会开心。"于是妇人照做了，也果然开心了一段时间。但是一段时间后，她觉得话题已经聊完了，麻将也打腻了，就又变得不开心了。

有一天，她突发奇想要开个花店，丈夫怕她无聊，就同意了。花店很快就开张了，丈夫每天去花店做生意，变得忙碌起来。妇人因为忙碌而感到开心，可是过了几个月，丈夫精算了一下，发现妇人不但没有赚钱反而还赔进去不少。丈夫知道妇人不是经商的料，但他也没有说什么。

后来有人问他："你的妻子还开花店吗？"他说："还开着。""是赚

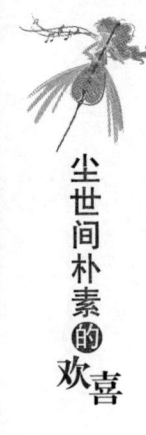

尘世间朴素的欢喜

是赔？"他说："赚。""赚多少？"男人只是神秘一笑。经再三追问，他才悄悄告诉别人说："赚到十万分的快乐。"

有的人只计较钱有没有赚、名有没有得，却从不在意是不是得到了快乐、是不是赚到了幸福。看来，事例中那位丈夫才是真正的智者，他虽然损失了一些钱，却买到了妻子的快乐，夫妻的和谐使得一切邪佞之事无插足之地。

简单地说，去除是一种生活态度，是人生拼搏的另一种境界，它不是消极的承受，也绝非放弃人生应有的追求。只有敢于去除，才能斩断捆绑于心的精神枷锁，轻装上阵；只有去除，才能赶走一切邪佞，使快乐丛生。

其实去除身外之物很简单，你可以从身边的每一件事做起。如我们可以多吃素食、少坐车多走路等，这些都可以使生活变得简约而轻松，但要把它当成一种生活态度，不仅仅是一种生活方式。只有这样，你的去除计划才能持之以恒。

放弃蝇头小利才能成就大我

在这个共享的时代，总是想吃免费餐的人固然能占到一些便宜，但如果总是一毛不拔，那么很多机会就会离你远去。

英国曾经发生过一起离奇的上诉案，一个女人因为男友迷恋足球，把著名的足球生产商告上了法庭。这件事在当时引起了巨大轰动。

事情是这样的，英国有很多著名球队和很多著名球星，也有众多疯狂的球迷，足球流氓也比比皆是，这个女人的男友就是一个整天捧着电视看足球直播的人，若是他喜爱的球队输球，还会骂女友出气。女友忍无可忍，决定状告足球生产商。人们都把这件事当成一个笑话。

起初，英国人以为这个女人疯了，没想到更疯狂的事还在后面，一家足球生产商高度重视这件事，他们煞有介事地请律师辩护，又故意在法庭上输了官司，然后郑重地向那个女人赔礼道歉，还付给她一笔精神损失费。人们以为这家公司疯了，后来才发现，这家公司借着这个机会打了一个免费广告，让全英国的人都知道了他们的牌子。当人们提到足球时，第一时间想到的总是"那个输了官司的牌子"，这家公司用一笔看似荒唐的赔偿金，赚回了巨大的利润。

一个英国女人对男友迷恋足球的行为忍无可忍，竟然把足球生产厂商告上法庭。没想到足球生产厂商不但接受了"被告人"的身份，还故意打输官司。这件事成为英国人茶余饭后的笑谈，靠着这条新闻，这家足球生产厂商做了一次全英国范围内的免费广告。这家足球生产厂商的负责人有高超的智慧，别人看到的是笑话，但他看到的是机会，别人认为赔钱是傻瓜，他认为赔钱就是在付一笔低廉的广告费。

能够以小利益换来大收益的人毕竟是少数，很多时候，我们需要面对"鱼和熊掌不可兼得"的情况，左边是利益，右边也是利益，放弃哪边都舍不得。权衡利弊的关键在于，哪方能给自己带来最大的好处，喜欢吃鱼就拿鱼，想要品尝熊掌就拿熊掌，只要不贪心，每个人都能吃到美味佳肴。而且，如果你拿到的是鱼，将鱼分给有熊掌的人，你也可能得到享用

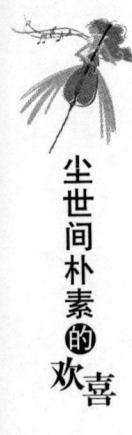

熊掌的机会，这就是以放弃来换获取。

善于让小利的人往往能发大财。据说温州人做生意，十分利润只赚六分，另外四分留给别人，这样一来，别人有了机会自然会想到这些商人。在这个共享的时代，总是想吃免费餐的人固然能占到一些便宜，但如果总是一毛不拔，很多机会就会离你远去。你为别人考虑一些，别人就会回报一些，现代人在"得"的同时，一定要思考一下如何"舍"。

都说办公室政治让人头疼，同事关系不好相处，方小姐却好像从来没有遇到过这种问题。

方小姐升为部门主任时同事们真心诚意地向她祝贺，因为大家都知道方小姐为人实在，更难得的是她不贪功也不贪财。这次公司的企划，方小姐独自提出企划案，负责整个流程，埋起头来一干就是几个月。取得成绩后，公司给她发下一大笔奖金，方小姐说："这个企划能够成功，都是大家共同努力的结果，这笔钱应该均分给所有参与者。"那些得到额外奖金的人，都对方小姐称赞不已。

当公司想要提拔方小姐时，方小姐又说："这个企划能完成，多亏我的上司王经理一直督促我、点拨我，我怎么能独占功劳呢？"听得王经理心花怒放。没过多久，在王经理的指导下，方小姐就由一个业务员破格升为主任。此后有什么好的任务，他第一个想到的也总是方小姐。

想要在办公室受到欢迎绝非易事，方小姐却能够成为上司喜欢、同事称赞的职员。方小姐知道如何将利益适当地分给别人，让别人明白和她合作的好处、与她相处的益处，这样的人自然到哪里都受欢迎。对于方小姐来说，有钱大家赚，有功劳大家分，这样做非但没有让她有什么损失，反倒加快了她的升职步伐，给她的职业生涯带来了更多便利。

计较小利与获得大利的人不同，计较小利的人往往给人小气的印象，触犯他们一点微不足道的利益，他们就会气得跳脚；而那些获得大利的人常常让人觉得大方，即使他们本人很节俭，也不会亏待和自己共事的人，因为他们的眼光更长远，知道用什么方法才能稳住自己的资源。盯着小利的人就像一个守着一块地的农民，不允许任何人从他的地里捡走一粒麦子，而获得大利的人有几万亩良田要管理，自然不会为一粒麦子动怒，这就是心性的差别。

一只猴子羡慕人类的智慧和生活，请求上帝将它变成人类，让它享受人类世界的快乐。

上帝说："这件事好办，我让天使把你的毛全部拔掉，你就能变成一个人了。"

天使拔了猴子的一根毛，猴子疼得大叫；天使拔掉第二根，猴子痛得跳了起来，再也不让天使拔毛。天使无奈地说："你想变成人，这么大的事，怎么连一根毛都舍不得？"

像这只猴子一样，即使明白一时的失去可以换来丰厚的利润，但很多人依然无法忍受失去带来的疼痛，与其说他们目光短浅，不如说他们胆小，他们既害怕疼痛，又想有所收获。由此看来，那些成功者有成就，绝不仅仅是因为他们敢于放弃，明辨得失不只是一种智慧，更是一种气魄，而那些不敢冒险的人，总是认为他们在花大钱做傻事。

如果我们从功利角度重新看待这个问题，放弃小利并不是一种犯傻的行为，放弃就是争取，放弃就是给别人以利润，只有让别人尝到甜头，你才会有更多的机会。从事业角度来看，一个慷慨的人能为别人提供机会、资金等多方面的帮助，那些受过他恩惠的人就去对他敬重有加、知恩图报。从生活角度来看，做一个大方的人比做一个斤斤计较的人更舒坦、更自在，能够给别人提供一份便利，也在别人心目中树立了良好的形象，建立了好的人缘。别再盯着琐碎的利益，生命应该追求大、追求开阔。放弃那些蝇头小利，才能成就大事、成就大我。

别让自己变成名利的奴隶

对于我们真心想要的东西，我们追逐的过程也是一种快乐。然而为了他人的眼光而追逐，那么只会让自己不堪重负。

名利是很多人都向往的，追逐名声、财富和地位甚至成为很多人的一种本能。有时我们会受到名利的诱惑而追逐，却忽略了自己内心的真正需求。

对于我们真心想要的东西，我们追逐的过程也是一种快乐。然而为了他人的眼光而追逐，那么只会让自己不堪重负。

从前有一个男人，他带着自己的儿子到集市上去卖驴。两个人从家里徒步出发，一路上听着鸟语，闻着花香，有说有笑。

当他们路过一个村子的时候，有一对老夫妇看见他们父子二人牵着驴走路，于是老头说："老婆子，你看那儿有两个傻子，明明有驴，却非要徒步前进，牵着驴走，真是愚蠢到家了。"老太太也跟着附和。男人和儿子对望了一会儿，然后男人将儿子抱上了驴背，他牵着驴走。

当这对父子路过第二个村庄的时候，遇到了一群正在玩的小孩，于是小孩子们讨论开了。一个小孩指着坐在驴背上的儿子说："你们看呀，有一个不孝子，竟然自己骑驴，让父亲走路，真是太不孝顺了。"听完这句话之后，父子二人看了看，于是儿子下了驴背，让父亲骑了上去，继续前行。

到了第三个村庄，遇到了一个三口之家，女人抱着孩子对她丈夫说："你看，那个父亲真是狠心，孩子那么小，竟然让小孩子走路，自己骑驴，真过分。"儿子和父亲思考了一会儿，于是两个人都骑了上去。

路过第四个村庄的时候，他们正巧遇到了两个放牧人，一个放牧人对另一个说："那头驴真是可怜，竟然要承受两个人的重量，那两个人真是太残忍了。"父子两人不知道应该怎么办，于是父亲一气之下，带着儿子将驴背了起来。

终于到了集市，没想到刚到集市人们就议论开了："你们看那两个傻瓜，竟然背着用来驮人的驴子，真是愚蠢到家了。""他的驴子一定身体不健康，不能买他的驴。"父子两人听着这些议论，最后什么都没有说，牵着驴子徒步回家了。

仅仅因为他人的几句评论，父子两人就乱了阵脚，只想着一味迎合他人的评论以留下一个美名。没人喜欢骂名，所以有时我们为了他人的眼光而选择迎合、选择追逐，但这样做只会成为自己的负担。走自己的路，任他人评说，对待议论淡然一些，自然就不会被这些所累。

除了他人的看法外，有时我们追逐名利是因为内心的一种向往，尤其

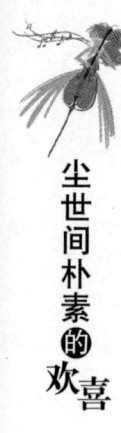

是对于自己未曾到过的高度，人们总是充满了憧憬和好奇。然而，随着名利的增长，我们可能会失去淡然的心，名利也就成了让自己不快乐的源头。骑虎难下只能选择继续维持自己的名利，如果不能保持一颗淡然的心，就很可能为此付出巨大的代价。

从前有一个漂亮的女孩子，她憧憬着有朝一日能当明星，于是她下定决心无论如何都要成为一个明星，为此她给自己制订了魔鬼训练计划。她本来长得很可爱，脸上有一点点婴儿肥，但是为了成为明星，她决心成为骨感美女。

女孩减肥成功之后，真的成为一名骨感美女，搭配着她独有的性感嗓音，在出道的一开始，就被经纪人打造成性感、冷艳的形象。她喜欢唱歌，也喜欢笑，但是为了实现自己的明星梦，她只能按照经纪人的要求扮性感、装冷酷。

渐渐地，女孩越来越出名，几乎人人都知道了这个看起来不爱笑的冷酷美女。因为出道形象的关系，她不得不保持这样的形象。曾经，她生活得非常恬淡，唱自己喜欢的歌，看自己喜欢的节目。但是成为明星之后，她处处都要注意自己所保持的冷艳形象。

于是，她的幸福只停留在成名的初期，随着她的名声越来越响，她过去的照片也被翻了出来，人们抨击她伪造自己，不是天生的骨感美女。她对此感到非常痛苦，难以接受，她不想跟歌迷承认自己曾经为了成名而努力减肥，因为她已经习惯了保持自己的冷艳形象，即使这个名声已经成为她的负担。她没有和歌迷解释，也没有接受歌迷评论的淡然，最终选择了退出娱乐圈。

保持名利有时比追逐名利更加困难，因为身在名利场中的我们如果缺乏一颗淡然的心就非常容易迷失自己。得到和付出是成正比的，在得到名利的同时意味着我们要付出很多。故事中的女孩为了维持自己的形象而不得不选择伪装，为了得到，所以付出更多，在这些得失面前，只有保持淡然，才不会被名利所累。

名利并非不祥之物，只是我们在名利面前难以保持平常心，缺失了一份淡然。要想不变成名利的奴隶，我们就要学会看开，时刻保持一颗平常心，淡然地面对一切。

潇洒地活着也是一种幸福

名声过大，我们所能掌握的属于自己的世界就越小，自由也就越有限。名声过大未必是好事，即使是美名，也会让自己的人生转向无法控制的方向。

收获和付出一般是成正比的，要想得到多少势必就要付出多少。

名声会将一个人曝光于公众眼中，所以名声越大，属于自己的空间就越小。想要追逐名利，就要相应地付出。想要成为公众人物，就意味着要对自己的一切行为负责，自己的人生也就不再只属于自己。

名声越大，所要担负的社会责任就越重。如果没有足够的心理准备，没有一颗强大的内心，那么就不适合做一个公众人物。作为一个声名显赫的人，要清楚自己要负的责任。

尘世间朴素的欢喜

托马斯·沃森是著名的 IBM 公司（国际商业机器公司）的前总裁，他每天都非常繁忙，工作事务基本上塞满了他全部的时间，他的日程表上密密麻麻地记录着需要做的工作，几乎没有休息的时间。每天他都为了工作而忙碌。

一天，沃森发现自己的身体出了问题，他的血压开始升高，而且精神状态非常不好，总是出现心神不宁的症状。同时，他身体上的原因也影响到了工作，他的工作频频出现失误。

无奈之下，沃森在百忙之中抽出时间去看了医生。检查过后，他被确诊为心脏病，这样的病需要加强休息，但是因为关心自己的公司和生意，他还是坚持工作。医生劝他也不能让他改变主意，他说："我的公司不是一个小公司，我是公司的总裁。我每天的工作都多得做不完，如果我休息的话，公司会出现问题的。我需要负责的不是我自己，我需要为一个公司负责。"

沃森说得没有错，因为他已经不是一个平庸的人了，而是家喻户晓的人，所以他的人生也不再是他自己的了。因为名声和责任是成正比的，如果我们站到了一定的位置，就意味着我们要对更多的人负责。

名声过大，我们所能掌握的属于自己的世界就越小，自由也就越有限。名声过大未必是好事，即使是美名，也会让自己的人生转向无法控制的方向。

其实，潇洒地活着也是一种幸福，名声带给我们的好处不能弥补我们所失去的自由。做一个平凡人也不错，享受生活的美好与宁静并没有什么不好，我们实在没有必要将自己推向风口浪尖，心胸豁达一些，将名声看得淡一些，我们的世界自然也就广阔一些。

钱财与洁净的心灵永无不会等价

钱能带给人的不仅仅是幸福感，更多的是贪婪和罪恶。如果我们把金钱当作上帝，它便会像魔鬼一样折磨你的身心。

钱究竟有着怎样的魔力？为什么人们常说"钱不是万能的，但没有钱是万万不能的"呢？难道得到了金钱，就等于拥有幸福了吗？难道为了得到金钱，就能出卖自己的灵魂，牺牲自己的品德吗？

美国人安布罗斯·比尔斯编撰的《魔鬼辞典》中对金钱做出了这样一种解释："金钱是有文化修养的标志，也是进入上流社会的通行证。金钱是一种祝福，不过只有在离开它之后我们才能受益。"

许多人都喜欢钱财，并把拥有更多钱财当成毕生的事业。微软公司的一位高管就对财富与金钱有着特殊的喜爱，他认为财富是上帝赐予的礼物；美国石油大王洛克菲勒也说，钱是他心爱的独生子，非常钟爱它；还有一位美国大亨说金钱是对辛劳和美德的奖赏。

看来，金钱是能够让人赢取幸福和快乐的。但追逐金钱的路绝不简单。除了上述提及的几个富翁外，大多数人也都喜好钱财，甚至为钱财迷失了双眼，出卖了心灵。钱能带给人的不仅仅是幸福感，更多的还是贪婪和罪恶。

英国伟大的戏剧家莎士比亚有一部著名的悲剧叫《雅典的泰门》。这

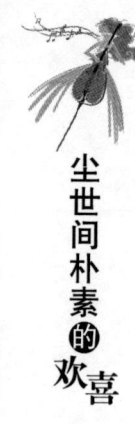

个故事说的是,雅典贵族子弟泰门坐拥财富而且慷慨好施,于是他的身边聚集了很多阿谀奉承的朋友。这些人有的是贫苦穷人,有的是达官贵族,他们为了骗取泰门的钱财,甚至愿意为他做牛做马。

于是,泰门很快就家产荡尽、负债累累了。而那些曾经依附于他的所谓的朋友们马上与他断绝了来往,而那些债主们则无情地逼他还债。经过这次教训,泰门看清了人类的贪婪和忘恩负义,变成了一个愤世者。

出于报复,泰门举行了一场宴会,向曾经的朋友们发了请帖,那些人一见宴会如此奢华,以为泰门之前是在装穷考验自己,于是又蜂拥而至,虚情假意地向泰门解释。泰门气急败坏,揭开盖子,把盘子里的热水泼在他们的脸上和身上,把他们痛骂了一顿。

从此,泰门离家出走,宁可躲进荒凉的洞穴过野兽般的生活,也不愿意回到富丽堂皇的城市。然而,上帝眷顾他,泰门在挖树根时发现了一堆金子。看透世态炎凉的泰门把金子发给了过路的穷人、妓女和窃贼,最终在绝望和孤独中悲愤而死。

这是一部悲剧,莎士比亚借泰门之口大发感慨,以揭露在金钱的诱惑下的人心的丑恶。听一听泰门的心声吧:金子!黄黄的、发光的、宝贵的金子!这东西,只这一点点,就可以使黑的变成白的,丑的变成美的,错的变成对的,卑贱变成尊贵,老人变成少年,懦夫变成勇士。呵,你是可爱的凶手,帝王逃不过你的掌握,亲生的父子会被你离间……

这番话将金钱的危险性揭露得一览无余。金钱的魅力可以改变人的眼光、扭曲人的灵魂。钱除了能充当一般等价物购买商品外,还可以出卖人的心灵。有道是:"有钱能使鬼推磨。"

金钱就是自由,但是大量的财富却是桎梏。如果我们把金钱当作上帝，它便会像魔鬼一样折磨我们的身心。因此，我们要学会明智地对待金钱。金钱本身并不邪恶，只不过人的内心会因为它而变得邪恶。所以，我们要做的就是管住自己的内心，看淡金钱，看淡一切邪财而不取。所谓："君子爱财，取之有道。"只要你能保证自己内心的纯洁，金钱依然是可爱的。

有这样一个寓言故事。

一个贫穷的农夫生性老实，经常做一些善事。后来他的事情传到了上帝的耳朵里，上帝就偷偷在他的鸡窝里放了一只会下金蛋的鸡。第二天，农夫果然在他家的鸡窝里发现了一只金蛋，农夫喜出望外，但转念一想，觉得一定是有人在跟他开玩笑。农夫是个谨慎的人，为了保险起见，他还是带着金蛋去了金匠那里。一经检测，发现它果然是纯金的。

后来，农夫把金蛋卖了，赚到了很多钱。那天晚上，他同家人大大庆贺了一番。

第二天早上，农夫抱着试试看的想法，看鸡还会不会下金蛋。于是他第二天在鸡窝里一摸，果然又有一枚金蛋。后来一连好几天都是如此。

开始，农夫一家人喜出望外，但金蛋越多，人就变得越贪婪。很快他就对每天才得到一枚金蛋感到不满足了。于是，农夫心生邪念，要将鸡杀死，从而一次性取出所有的金蛋。然而，等杀死鸡后他才发现所有的蛋都还是小小的正在长着的蛋，而他一枚金蛋也没有得到，从此以后农夫也再也得不到金蛋了。

本来农夫因为他的慈善心肠得到一只会下金蛋的鸡，但他为了得到更多的金蛋而迷失了双眼、抛弃了灵魂，结果杀死了鸡，再也得不到金

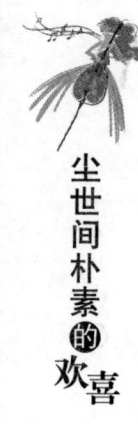

蛋了。

寓言中的鸡代表我们的资本,而鸡蛋代表着利息。没有鸡就没有鸡蛋,没有资本就没有利息。

其实,有的人每天都在重复着杀鸡取卵的勾当,于是钱不但没有得到,反而丢失了本来的人性。取有道之财、合法之财,人方能光明磊落、坦坦荡荡无私地活着。一个正直的人不会吝啬接受财富,但对不合法之财却从不沾惹,因为不合法之财会让自己受到欲望的牵制,最后受到精神和良心的折磨,落得一生不得自由的悲惨下场。

不要因为一点儿钱财而出卖了你纯洁的心灵。孔子就说过关于义和利的看法,即君子得财要正当,如果一个君子扔掉了仁爱之心,那怎么能成就君子的名声呢?君子就应该时时刻刻都不离开仁道,在紧急的时候不离开,在颠沛的时候也不离开,这样才是一个真正的君子。

要想做到这一点,就要求我们将钱财看淡一点儿,学会包容,当你能容得下万事万物之时,就不会因为一点儿钱财动心而生邪念。

第八章 淡荣辱，拨开云雾见明月

淡辱之人都是大有作为之人。然而"自古英雄多磨难"，大风大浪都是对英雄的考验，忍辱负重是一种高深的境界，经历过，人生才平凡而真实。学会隐忍，拨得云开，终见月明。

辉煌之时抑制住狂妄之心

如果你想要避免遭受挫折的命运，就要学着让自己静下心来，忍住狂妄之心，收敛你的才华，放下你的身段。

显露自己的能力是人的一大特点，就像孔雀喜欢炫耀美丽的羽毛一样。人有才能是好事，但如果因为自己的才能出众而得意忘形、狂妄自大就不是什么好事了，只会让人心生厌恶，难以让人心悦诚服。

职场中很多聪明能干的才子佳人，一朝得意最终失败，致命原因通常是性格过于张扬霸道、恃才傲物，结果造成"不合群"的尴尬局面，成功

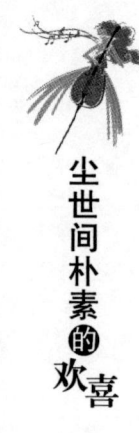

对他们来说也遥不可及。

大学毕业后,小李幸运地进入一家报社工作。小李本就是学中文出身,文采出众,再加上她精力充沛,领导交代的每一次任务她都能出色地完成。因此,小李总是将自己视为公司最有才能的人。

当别人的工作出现问题时,小李总会用夸张的语气说道:"不会吧,一篇社会新闻都写不好?"当别人指出她的方案有问题时,她第一个反应是:"那也没办法呀!因为我提出的方案通常都是最好的嘛,何况你们提不出比我更好的方案。"

日子一久,谁都不愿意和小李一起工作了。小李也意识到自己被孤立了,可她依旧认为问题不在自己身上,是同事们嫉妒自己的才能,才会尽量远离自己。

小李自以为才高八斗、无人可比,"才"大气粗这样的举动实在是自绝后路。成功学大师卡耐基就曾指出:"如果我们在别人面前炫耀自己,使别人对我们感兴趣,那么我们将永远不会有许多真实而诚挚的朋友。"

做人不可太狂妄,狂妄则遭人嫉恨,狂妄则阻碍进取。因此,如果你想要避免遭受挫折的命运,就要学着让自己静下心来,忍住狂妄之心,收敛你的才华,放下你的身段。

塔卢拉赫·班克海德是一位资深的女演员,她兢兢业业,演技精湛,为人谦虚。尽管她年华逝去,青春不在,竞争对手也多了起来,但她凭借自己的努力依然是演艺界众所瞩目的焦点,依然是新秀们竞相比较的对象。

有一次，当班克海德在纽约百老汇演出的时候，一位很有发展前途的年轻女演员极其傲慢地对她说："班克海德实在没有什么了不起的，我随时可以抢你的戏，这个世界已经不属于你了。"

班克海德轻轻地笑了笑，对这位年轻女演员说："我的确没有什么了不起，不过说句不谦虚的话，我不在台上，也可以抢了你的戏。你要是不相信的话，我们不妨就在今天晚上的演出见吧！"

当天晚上，大家都很兴奋，准备看两个优秀的演员如何飙戏。那名女演员身穿华丽的演出服，正在用夸张的语言和动作演一段电话对话，而班克海德则表演了一段饮香槟的内容，然后把高脚杯放在桌边上随即下场。高脚酒杯底部有一半露在桌外，随时都可能掉下来，观众既担心又紧张地盯着高脚杯，期待班克海德快点出来将高脚杯放好，但班克海德始终没有出现。那位年轻的女演员使出了浑身解数也无法把观众的注意力吸引过来，她只好在观众心不在焉的表情下演完这场戏。

不用说，这场演出班克海德大出了风头。

班克海德并没有四处张扬自己的才华，更没有恃才傲物、狂妄自大，她只是聪明地使用了一个透明双面胶布就将自己的表演才华展示于人，这种境界和那种四处宣称自己可以抢戏的年轻女演员显然不在一个档次上。

总之，才华有助于一个人成就事业、创造辉煌，可是如果你不能控制它，过于狂妄，有些飘飘然，那么它就会变成你人生路上的拖累，能毁掉一个人的事业，往往还会给别人留下笑柄，给自己留下遗憾。

伴随着岁月无声的流逝，你已经积累了足够的才华。静下心来吧，你会知道自己拥有的其实微不足道，自己还停留在当初的出发点上。抑制住狂妄之心，继续埋头学习，你才不致迷失自己。

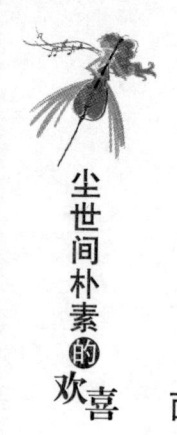

面对侮辱最好的方法是沉默

> 当你被毒蛇咬了一口,你不需要知道毒蛇为什么咬你,也不需要马上打死它解气,你最需要做的事是马上解毒。

在生活中,最难堪的事莫过于遭遇他人侮辱。这些侮辱有的是语言上的,指桑骂槐加上污蔑讽刺,都能让我们觉得脸上火辣辣的,让我们抬不起头;有的是行动上的,例如摆脸色、摔东西,这种侮辱就有了强烈的示威意识,让你不得不公开回应,即使你知道争执毫无意义。

面对侮辱,最好的办法并不是争执,而是沉默。某位著名作家说:"当你被毒蛇咬了一口,你不需要知道毒蛇为什么咬你,也不需要马上打死它解气,你最需要做的事是马上解毒。"同理,当有人侮辱你,你的第一反应不是侮辱他,也不是想他为什么侮辱自己,而是静下心来想想如何改变这种受辱的局势。不论你要向旁人解释,还是与对方言和,都是你冷静以及深思熟虑之后才能做的事。

如果面对侮辱立刻爆发,在多数情况下都会被当成过激行为,在沉默中观察一切,继而掌握一切才会对自己有利。对于聪明人来说,越往高处走,无来由的流言就越多,不明真相的人也越多,受辱的机会也会更多,如果不能在一开始练就好的心态,每天应付他人的恶意侮辱,就会耗掉所有的力气。

宋朝有一个叫吕端的人，他才华出众，在年轻的时候就被任命为副相，这项任命引起满朝哗然。朝臣们都说："这么年轻能有什么才干？恐怕是靠拍马屁才当上副相的吧！"有时候吕端走在前面，后面就有人说这种话，但吕端从不回头看一看。

几个好友为吕端抱不平，想要告诉他谁在造谣生事，可是吕端却劝他们不必如此，他说："我年纪轻，到这个职位难免有人说闲话，这也是人之常情，如果我不知道是谁说的，就能保证一颗平常心，知道的话，不但自己心里乱，看到他们也难免会怨怼，这样看来，还是不知道的好。"朋友们都赞叹："这真是'宰相肚里能撑船'！"

这件事很快传到朝堂上，那些曾经不服吕端的官员都被吕端的心胸折服，从此再也不怀疑他了。

判断一个人是否成熟，就看看他在受辱时有什么表现。一个小孩受到侮辱会大哭大闹，因为他没有能力替自己讨回公道，只能以哭闹的方式宣泄心中的不快；一个少年受到侮辱，会大打出手或针锋相对，一步都不会退让，对少年来说，尊严与面子比什么都重要；而一个有城府的人受到侮辱时，他首先做的是保持沉默。

就像故事中的吕端，他并非不知道别人对他的评价，心中也未必没有委屈和愤怒，但是他会冷静分析这种侮辱，甚至对侮辱他的人抱有一定程度的理解。他知道解决问题必须抓住源头，处理问题也必须顾全大局，沉默让他不必像小孩子一样大闹失态，也不会像少年人那样血气方刚，他有更多的时间证明自己的能力，也以实际行动证明了自己的心胸，最终得到了众人的尊敬和赞叹。

那么，在受到侮辱的时候，如何妥善地沉默？

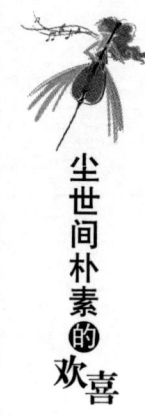

1. 分析受辱的原因

在生活中，说闲话的人不少，茶余饭后闲聊起来，说几句酸言冷语是常有之事，这种话称不上侮辱，也没有几个人会毫无缘由地侮辱另一个人。明白这一点，在受辱时首先要搞清楚的就是原因：究竟是侮辱者的素质有问题，还是自己为人处世出了问题？或者双方产生了误会？

把原因分析清楚，解决办法也就随之而来。多数时候，你需要以实际行动解释别人对你的误会；少数时候，你干脆沉默不发言，由时间证明一切——自己解释不清，日久见人心；他人无事生非，跟你接触久了，自然能看得明白。

2. 避免树立敌人

受辱的时候，沉默是上策，既可以冷静头脑，想解决的办法，又避免因一时激动树立了敌人。侮辱你的人未必是你的仇敌，也可能是你未来的合作者，因此没必要当众撕破脸。表现出宽宏大量，对方自然就知道收敛了，如果他无止境地找你麻烦，你也可以先礼后兵，不必对他客气，这时候舆论也会站在你这边支持你。

一个人想要得到什么样的对待，就要先用这样的态度去对待别人，这是人与人之间交往的基础，对待矛盾更是如此，即使对方不讲道理，你也要先摆出自己的诚意再做打算。

3. 宰相肚里能撑船

"宰相肚里能撑船"不是一句场面话，而是做大事的人必须具备的素质，如何对待冒犯你的人、轻视你的人、对你有敌意的人，甚至是你的敌人，都反映了你能在多大程度上团结人心，让各种各样的人成为你事业和生活的助力。

宰相日理万机，是因为他们能够放下的事情多，自然也放得下有各种缺点的人，就算有人与你意见相左，你以开放的心态来对待他，未尝不是对你思想的一种补充。最后的受益人就是你自己。

受到侮辱不可怕，可怕的是人的心胸只在意一时的荣辱，因小事而耽误大事，把别人的侮辱变成了现实。

要有把"冷板凳"坐热的耐心

在人生的漫漫长路中，难免会遇到低谷时期，一旦坐上了"冷板凳"，当务之急就是要调整心态。与其怨天尤人，还不如趁机会养精蓄锐，等待下一次的机会。

很多人都企盼"一朝成名天下知"的机遇，渴望功成名就的辉煌。只是成功的机遇并不会经常出现，它就像夜幕中一闪而过的流星，是可遇而不可求的。机遇出现之前，还需要有"十年寒窗无人问"的努力。

主角也是从配角做起，甚至是从跑龙套做起的。人在默默无闻的时候要耐得住寂寞，要放低姿态、平和心情，等待或者寻找机会，要有把"冷板凳"坐热的耐心。

一个重点大学经济系的女大学生，毕业后在一家外贸公司里面当职员。这个大学生的专业知识很扎实，本身很有才学，而且人长得很漂亮，她进公司没多长时间，人际关系处理得也很到位，同事都很喜欢她。

但是不知为什么，进公司快一年了，老板从未过问过她的情况，也不

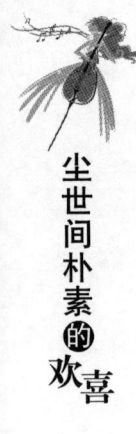

尘世间朴素的欢喜

交给她重要的工作,更没有与她有过什么沟通,每天只是让她做一些无足轻重的事情。对于公司来说,她就好像可有可无。

但这个女孩并没有怨天尤人,更没有因为自己是专业上的高才生而向领导讨说法。她认为自己是个新员工,做不起眼的工作,坐"冷板凳"是应该的。

一年后的一天,老板终于找她谈话了,一方面肯定了她在这一年中的任劳任怨,另一方面表扬了她做出的很多成绩,最后依据她的实际能力为她晋升了职位,她的耐心等待总算得到了回报。

女大学生的经历验证了这句话:坚持就是胜利。如果她没有耐心坐"冷板凳",就没有机会获得领导的赏识,一年后也就不会有领导的肯定与提升。"冷板凳"不一定都那么难坐,一旦把"冷板凳"坐热了,机会很可能也就来了。

球场上的替补队员可能是"冷板凳"的代表了。看着队友们在场上拼搏,替补队员可谓难熬至极。在一场比赛中,有些"板凳"队员只能上场几分钟,有的甚至连上场的机会都没有。可是就在等待的时候,机会随时会降临。如果没有随时做好上场的准备,即使有机会上场,发挥的情况也就可想而知了。

在人生的漫漫长路中,难免会遇到低谷的时期,一旦坐上了"冷板凳",当务之急就是要调整心态,与其怨天尤人,还不如趁机会养精蓄锐,等待下一次的机会。

明朝万历时期,有一位德才兼备的首辅叫张居正。首辅实际上就是宰相,明初为了加强中央集权,废丞相,设内阁,首席内阁学士称首辅。首辅张居正的仕途人生就是从屡坐冷板凳一直到坐上首辅的成功宝座的。

张居正是湖北人，他12岁考中了秀才，13岁时就参加了乡试，写了一篇非常漂亮的文章，只因湖广巡抚顾璘有意让张居正多磨炼几年，所以才未让他中举。直到16岁的时候他才中了举人，23岁中了进士。

进入仕途没多久，张居正被选为庶吉士。这是一种见习官员，按例要在翰林院学习三年，期满后可升为编修。张居正努力钻研朝章国政，一面大量读书，一面细心琢磨官场上的门道，只是他满腔的政治抱负一时还发挥不出来。这是他第一次坐"冷板凳"，也正是这段时间的磨炼，为他日后走上政治舞台打下了坚实的基础。

当时的大明王朝到了嘉靖年间，朝廷内外已经是危机四伏。紫禁城里每日设坛修醮、青烟缭绕。嘉靖皇帝幻想长生不死，于是整天陶醉于《庆云颂》的华丽辞藻，闭着眼睛将朝政托付给奸相严嵩。严嵩父子趁机为非作歹、贪赃枉法。由于世宗皇帝昏庸无能，张居正一时得不到皇上的重用，无法施展自己的才能，只得忍耐，并且还要与严嵩周旋。这次的"冷板凳"一坐就是十几年。终于，严嵩专权了十五年后倒台，徐阶成了首辅，张居正这才得到重用，这是他第二次坐"冷板凳"了。

就在张居正入阁以后，他与高拱并为宰辅，为吏部尚书、建极殿大学士。高拱是个精明强干、头脑敏锐的对手。张居正的才干还是没有机会发挥，他只得再次忍耐，又坐回了"冷板凳"。尽管高拱对他傲慢无礼，他却用谦恭与沉默来应对。这是张居正第三次坐"冷板凳"，也是最后一次。

终于等到了高拱下台的一天，由于张居正资格最老，被诏回当了首辅。这次张居正发挥才能的机会到了，他掌权以后，立即改变了过去那种谦虚祥和、沉默寡言的态度，变得雷厉风行、有理有节。他在全国实行改革，促进了当时社会经济的发展。在他执政期间，国家安定，经济发展，

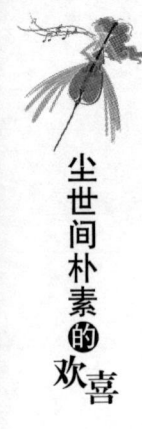

一时出现繁荣兴盛的景象。

张居正的"冷板凳"坐了三次,这是一般人比不了的。面对时不利己的形势,他只能一忍再忍。每一次的"冷板凳"都是对他不同阶段的磨炼。做庶吉士的时候是初级磨炼,为他将来进入官场做好准备;进入内阁后是中级磨炼,为他进入高层做好准备;而当了宰辅以后就是高级磨炼,为他成为首辅做好准备。

有时候机会是熬出来的,有时候机会是从天上掉下来的。不管是哪种情况,机会出现之前都是一段磨人难熬的日子。坐"冷板凳"是必需的,也是必要的。"冷板凳"就是我们给自己充电的时间,在这期间我们可以完善自己,丰富自己。只有坐得了"冷板凳",将来才有可能做大事情。

耐得住苦痛,才能尝得到甜美

成功是一条漫长的道路,想要成功,首先要相信天上不会掉下一双翅膀供你飞来飞去,你必须依靠自己的双脚。

珍妮的大学考试失败了。她是化学专业的学生,受父母的影响,从小就在家里拿试管做实验。上学后,她对化学的兴趣有增无减,看到各种物质在试管里呈现出各种各样的反应是她最大的乐趣。

高中时期,珍妮的成绩一直是第一名,她自信能够考入全国最好的理工科大学,但可是人外有人,来自全国各地的尖子生都想进入这个学校。

珍妮通过初试，在复试时落榜。多年的努力却得到失败的结果，珍妮承受不了这个打击，在家里哭了好几天。出差回来的爸爸拍着她的肩膀说："这算什么，每个人都有失败的时候，忍得住的人才能继续向前走。爸爸当年考上的只是一所普通的学校，现在不还是成了专家？"

听了爸爸的话，珍妮这才想起父亲是在一个名不见经传的学校读完大学的，现在却是全国有名的教授。于是珍妮很快振作起来，决定去一个专业性强的学校继续深造。

心想事成是每个人的梦想，珍妮的梦想却在现实面前破灭。她从小到大不断努力，却没有考上理想的大学。在父亲的劝导下，她开始接受现实：有多少成功就有多少失败，"心想"与"事成"之间隔着遥远的距离，不可能一步跨过。人不能被眼前的石头绊住脚，一条路不通，就绕到另一条路继续走，同样能到达自己的目的地。

世界上有很多人不相信自己会失败，他们不是太自信，而是付出很多，一分耕耘一分收获，他们不相信自己耕耘了那么久，会得不到梦想中的果实。但现实是残酷的，失败者永远比成功者多，金字塔的尖顶容量有限，很多人只能爬到一半，而更多人一生待在底部。想让人仰望的人，注定要比其他人走更多的路，经历更多磨难。付出只在一定程度上决定收获，唯有不断付出、不停止脚步，才能真正有所收获。

我们经常看到大学生毕业后找工作想尽快赚钱孝敬父母、想尽快有钱买车、买房，而他们的父母则劝这些孩子说："急什么，先踏踏实实干几年，把自己的生活过好再想这些。"父母是有经验的人，知道心态浮躁的人不能成事，甚至不能专心干好一件工作。初入社会是人生的积累期，这个时期需要一步一个脚印地打下坚实基础，而不是整天做梦想着赚大钱。

有太多嫌弃公司太差、工资太低，整天想着跳槽的年轻人，这些人不能踏踏实实做出业绩，就算有了好的机会，又拿什么去与他人竞争？

小周刚进入公司的人事部就有一场大型招聘需要参加。他跟着经验丰富的经理学了不少看人经验。他发现经理挑人的眼光和常人不一样，比如销售员，经理不挑那些朝气蓬勃又年轻的大学毕业生，反倒喜欢挑那些看着朴实、有一定工作经验的人。

小周一向认为客户喜欢精明干练的推销员，实在想不通经理为何找来一群看上去普普通通的人。他向经理询问其中的原因，经理说："只有那些吃过苦、有养家压力的人，才肯踏实地珍惜一份工作，为公司谋划，而且这类人性格稳定，不容易跳槽。"小周恍然大悟地说："原来'吃过苦'也是优点。我以前怎么没想到！"

"你就是吃的苦太少，哪里知道这些，以后学着点！"经理说。

有压力才有动力，经过失去才能更懂得珍惜。人们对待工作的态度往往和过往的经历有关。一个人只有知道生存不易，有实际压力，才能踏实地为公司干活，为自己积累资本。招聘经理把这种能力称为"吃过苦"。吃过苦的人舍弃了好高骛远，更忠诚，也更明白自己应该做什么，他们比别人有更强烈的"不想再吃苦"的愿望，自然更卖力、更要强。

美国的哈佛大学、哥伦比亚大学、麻省理工学院等名校每年都会收到大量入学申请书，学校会派专人负责招生。这些人会详细考察学生的品行和成绩，并且对那些家境贫寒的人会给予更多照顾。这并不是因为家境不好的孩子更需要学习机会，而是因为他们在艰苦的环境中早已磨砺出坚忍的品行，比其他学生更能吃苦。而任何一种学问都需要那些敢于吃苦的人，否则学术水平如何提高？社会如何进步？

　　成功是一条漫长的道路，想要成功，首先要相信上天不会给你一双翅膀供你飞来飞去，你必须依靠自己的双脚。很多时候，你要一个人走山路、走水路，有时脚板上起了大泡也没人安慰你，没人给你医治，你只能靠自己的力量忍受寂寞和疼痛。在成功之前，每个人都要先吃苦，这就是生命的滋味。当你突破重重困难，终于看到了梦想中的美景，才知道所有的痛苦都是值得的，苦尽甘来正是圆满的人生。

想要得到"高"，必须先接受"低"

　　取得成功的过程就像登山，想要征服一个高度，首先要低下头寻觅上山的路，还要有耐心、有决心克服路上的困难，还要有不言败的决心。

　　一个青年去拜访一位大师，这个青年是一个有才华的编剧，但他写了几十个剧本都没有人赏识，有时刚刚得到机会却又被有后台的人挤下去了。他认为自己怀才不遇，被大环境埋没，想知道自己是否必须改走其他的路。

　　大师问："你小时候种过花吗？"
　　青年说："我出生在乡下，小时候经常陪父亲种花。"
　　"一朵花想要发芽，首先要做什么？"
　　"您的问题真奇怪，当然是把种子埋进土里，这是所有人都知道的事。"
　　大师微笑地看着青年说："但你却不知道。你现在就是种子，总要经过埋在土里的过程才能开花。哪一个人在大放光彩之前，不先被埋没呢？"

每个人面对环境的不如意都有自己的理解，也有自己的疑问，这个年轻编剧有才华、够刻苦，并不想怨天尤人，但面对无数次的失败，他终于动了转行的念头。大师听了他的苦恼，只给他讲了一个简单的道理：一颗种子想要开花，先要把自己埋进土里。植物的生长是如此，根扎得越深，就越不容易被风吹倒，才能开出不易凋零的花朵。

埋没是一个令人惋惜的词语，每当我们说到一个人才被埋没时，都会痛心不已，如果那个人才就是自己，则更会让我们怀疑人生的意义。一块黄金埋在地里，无人会知道它的价值；一颗珍珠扔进海里，无人惊叹它的光华；一个美人居住在无人的空谷，无人欣赏到她的美丽……当一个胸怀大志的人被现实打压，不能施展拳脚、发挥所长，只能借酒消愁时，他认为自己被这个世界遗忘，生命再也没有值得奋斗的方向。

也许我们都该看一看蝴蝶的成长过程。当蝴蝶还是一只幼虫时，它丑陋而笨拙，直到有一天，它把自己包在重重的茧里，任由茧挤压自己，让自己窒息。它拼命挣扎，终于有一天，它发现自己背上有一双有力的翅膀。这对翅膀划开了厚茧，然后它冲了出去，它发现眼前不再是低矮的草丛，而是湛蓝的天空。它变成了一只美丽的蝴蝶，呼吸着更新鲜的空气，能够飞到任何想去的地方。这时，它绕着自己的茧飞了好几圈，这茧给它带来了莫大的痛苦，却也实现了它的蜕变。由此可见，埋没就是成长的基础。

业务部新来了一个三十几岁的销售员，职员们听说这个人以前并不从事这个行业，也没有什么特别的学历，而业务部的销售员的年龄大多在30

岁以下，年轻人合作起来愉快又方便。他们不明白为什么经理要招这样一个人进来。而且他相较于业务部其他员工来说，和同事没有共同话题，不会扯大家后腿吗？

朱先生就在这样的议论中开始了他的工作。刚进公司的时候，他什么都不懂，职位又低，经常被年纪小的人呼来喝去。可是，他的脸上却总是带着笑容，他按时完成这些年轻人额外指派给他的工作，还经常向年轻人们讨教销售经验。销售员们最初讨厌他，后来发现朱先生人勤快又没有架子，什么事都问得勤做得快，自然也就接纳了他。

很快他们发现，朱先生是个有潜质的销售员，他那张老实又有阅历的面孔看着就可靠，合作厂商和朱先生年纪差不多，都喜欢和他谈生意，他的单子签得又快又好。不过一年的时间，朱先生就成了业务部的上级，但他依然谦虚和蔼，对年轻人的态度还和以前一样。

朱先生到了三十几岁，突然认为自己适合当一个销售员，于是大胆转行。进入一家公司后，他知道自己的差距，从不因为自己的年龄摆架子。而且，朱先生知道吃苦的重要，他为人勤快，很快得到了同事、客户、上级的一致认同。这也许是他为人处事的策略，也许是他谦虚温和的性格使然，但不能否认的是，朱先生以低姿态取得了人生的制高点。

杜甫说："会当凌绝顶，一览众山小。"这不仅是在感叹山顶的风光，也是多数人的人生态度。人往高处走，每个人都渴望地位，渴望活在一定的高度。成功就像登山，想要征服一个高度，首先要低下头寻觅上山的路，还要有耐心、有决心克服路上的困难。还要有不言败的决心，一次失败，还愿意尝试下一次。何况当你站在一座山峰上，想要去另一座高峰时，你还是要下山，从低处重新攀登。任何时候，想要得到"高"，必须先接受"低"。

懂得低头的人往往更有思想，懂得运用低姿态的人常常畅通无阻。一片麦田里，昂着头的都是空心的稗子，而饱满的麦穗谦卑地朝着大地。想要出人头地，不要在乎你现在的高度，像一颗种子一样首先钻进土中，让泥土淹没你，让环境磨炼你，让你的心在百转千回中懂得坚强，在无数次困难中学会勇敢。总有一天你能够冲破土壤，接受阳光雨露，开出灿烂花朵。

百"忍"成钢

每忍一次就能磨炼自己的意志，能让敌人因为暂时的胜利而冲昏头脑。钢铁就是这样炼成的，英雄也是这样磨成的。

古人把忍当作一个人道德修养的重要组成部分，也由此看出人的品德操行。古人云："愤欲忍与不忍，便见有德无德。"由此可见，遇事是否能忍可以反映出一个人的道德修养。

从另一个角度看，一个人遇到挫折和打击可以反映出一个人的胸怀和度量。正所谓，忍一时风平浪静，退一步海阔天空，说的就是这个道理。

在诸多忍的情况中，有一种忍可以说是大忍。这种忍更像是一种谋略，反映出一个人的城府。一个"济天下"的好汉是不会计较一时的得失的，因为他志存高远，不做无谓的牺牲。做大事者要有容人之量，这样才有人愿意与你共事，为你效劳，这种忍是一种强者才具有的精神品质。

三国时期，曹操打败了不可一世的袁绍，统一了中国北部后，欲挟天子以令诸侯。这个时候，司马懿突出的才干引起了曹操的注意，曹操想把他收到自己帐下做官。于是，曹操费尽心机，终于让司马懿同意为自己效力。

曹操用司马懿，一是看中他的能力，二是因为不放心，所以才将他控制在自己身边。在这种情况下，司马懿决定韬光养晦，用苦干换取曹操的信任。曹操看到司马懿废寝忘食、尽心尽力，对他的猜忌也慢慢地淡去，后来还是重用了司马懿。

司马懿凭着自己的韬光养晦，得到了曹操的信任。但曹操也是一世枭雄，长于谋略，容不得张狂之人。曹操虽然对司马懿加以重用，却迟迟不给他实际兵权，而司马懿一直忍耐着，密切关注实际情况的发展变化，做好了随时面对挑战的准备。

建安二十五年（公元220年），司马懿当时40岁，汉丞相曹操于洛阳病逝，形势非常危急：外有曹彰的问罪之师，内有暴乱的诸路兵马，同时汉室遗臣们也有蠢蠢欲动之相。曹操的两个儿子曹丕和曹植之间的夺嫡之争也愈演愈烈，一发不可收拾。

这个时候，司马懿毅然挺身而出，冷静地做出决策，"纲纪丧事，内外肃然"。他采取了一系列措施，说服汉献帝正式册立曹丕为魏王，使曹丕顺利地登上了太子之位。

曹丕当上魏王后，立即封司马懿为河津亭侯，并转任丞相长史，成为魏王府中的核心人物之一。从此，司马懿逐渐向魏国的最高统治阶层迈进。曹丕对司马懿心怀感激，给了他宽松的发展环境。此时的司马懿不用再畏惧曹操的猜忌，他开始大显身手，"留守许昌，内镇百姓，外供军

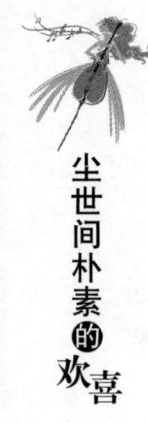

资",为魏文帝南征,被魏文帝称为"萧何"之才。

后来,魏文帝病重,此时的司马懿已经跻身于曹魏政权的最高决策阶层。虽说曹丕对司马懿极为信任,但在军事大政方面,曹丕还是偏向曹氏宗亲的意见。而司马懿在军事方面一直很低调,从来不暴露自己的才干。

魏文帝死时,司马懿47岁。此时的司马懿在政治上开始崭露头角,朝其目标大步前进,始终立于不败之地的他此时已不再甘居幕后,更渴望走向历史前台。

公元227年,曹丕的儿子曹睿登基为帝,即魏明帝。当时,东吴孙权率领数万雄师,魏国的江夏城被重重围困,东吴还派大将诸葛瑾、张霸攻打襄阳城。司马懿深藏不露的军事才能终于有机会得以充分发挥。他果断率军出击,大败吴军,立下了赫赫战功,被任命为骠骑大将军。

无论是在曹操执政时期,还是在曹丕执政时期,司马懿都能够以忍字为重,终于换得了"伸展"的一天。司马懿把"忍"做到极致。耐心等待,总能把握住最适当的时机出手。若干年后,他终于如愿以偿,司马懿大权在握,曹氏江山也就此危矣。

隐忍不是摒弃自己的人格,也不是放弃自己的原则,而是坚持自己的理想,保存自己的实力。北宋著名的文学家苏轼就曾经说过:"君子之所以取远者,则必有所持。所就者大,则必有所忍。"

秦朝末年,楚汉相争。刘邦降服了秦朝降将塞王司马欣、翟王董翳,安抚当地百姓,随后以咸阳为据点,向东继续前进,直至占领彭城。

汉军将士正沉醉在胜利的喜悦中,在没有防备的情况下,被项羽率领的三万精兵击败。各路诸侯见楚军锐不可当,便各自抽身离去。

刘邦只得狼狈逃脱，后来在濉水又被楚军追上，被杀得溃不成军。幸好萧何、韩信前来增援，汉军得以重整旗鼓，将尾随而至的楚军击退。在此期间，刘邦的父母和妻子都落入项羽手中。

公元前204年，楚汉双方在荥阳形成对峙局面。项羽骁勇善战，刘邦只守不攻。楚军数次截断汉军粮道，汉军处于即将断粮的状态，荥阳危在旦夕。刘邦趁天黑之际，在数十个骑兵的保护下侥幸从西门逃走。

从荥阳逃出后，刘邦积极备战，公元前203年双方再次对峙，这次汉军占据了优势。但项羽先以杀刘邦父亲相要挟，让刘邦投降。见刘邦不肯妥协，他又提出单独决斗。

项羽一箭射中刘邦胸部。刘邦为稳定军心，假装被射中脚心，急忙捂脚退至帐中。第二天，刘邦忍痛检阅军队，然后在当天黄昏带着张良逃至成皋。不久，刘邦养好病后又回到军中。

刘邦忍受了一次次的失败，但每次都能坚强地回到战场上，最后终于在垓下一战中将项羽困在乌江边上，无奈中的项羽自刎身亡。刘邦最终胜过项羽。

忍得一时的弱小，才能争取以后的强大。刘邦忍辱负重、耐心等待，不是怯懦无能的表现，更不是遇难畏惧、临阵脱逃的借口，为的是保存自己的实力，寻求不断壮大自己的机会。

百"忍"才能成钢。每忍一次都能磨炼自己的意志，都能让敌人因为暂时的胜利而冲昏头脑。钢铁就是这样炼成的，英雄也是这样磨成的。我们只有学会忍，才可能把自己的追求与梦想变为现实，才可能取得人生中的胜利与成功。

尘世间朴素的欢喜

忍辱负重，在人生的矿藏开采"金子"

没有一条路平坦到毫无坑洼，但我们却不能因为坑洼而拒绝前行；没有一片土地平阔到没有低谷，但我们也不能因为低谷而放弃大河山川。

几乎每一个职场人都想一工作就得到高薪高职，但并不是所有人都能如愿，总有些人会得不到赏识，得不到重用。这时候，有些人会顿感失意，觉得自己一无是处，进而对自己的能力产生怀疑，不思进取，甚至懦弱、畏缩、自暴自弃。

人才啊，怕就怕在看似不被重用的日子里自怨自艾、不求上进、虚度年华，浪费人生的大好时光。当某一天机会降临到自己的头上时，恐怕连能亮出自己的资本都没有了。

小王刚开始进入一家电器公司时，只是担任一名普通的技术开发人员。小王认为以自己的能力可以做高级技师，便试图施展自己的才华，但由于种种原因一直没有得到足够的重视，于是他开始不求上进，整天混日子。

一天晚上，小王独自在酒吧喝酒，无意间遇到了老板，两人便坐到一起喝起酒来。几杯酒下肚，小王的胆量便大了起来，不禁将心中的不满说了出来："老板，说句您不爱听的，是不是所有的老板都像您这样，很难发现员工的潜能和长处，让下属们找不到施展才华的机会？"

老板没想到自己竟然给小王留下了如此的印象，想想也是，小王在公司里工作了近四年，也是公司的老员工了，但在待遇上并不比一般员工高。于是，一个星期后他适当地提拔了小王，并信任地将一项重要的任务交给了他。

小王很高兴地接受了，原本以为现在获得了施展抱负和才华的机会，自己一定能够大展拳脚、有所作为，但那些原本已经学到手的高端技术由于长时间的荒废已经忘得差不多了，他只好向老板请示给自己一个比较简单的任务。

老板不免对此有些疑惑，问其原因，小王支支吾吾地也没有说出个所以然来。

由此可见，在不被重视和重用的时候，如果一个人不能坦然自若地面对，不能沉下心来好好做事，终究只能让自己局限于原有的捆绑中不得前进，即使杰出人才也难以得到更大的发展舞台。

事实上，不被重视和重用不是关键问题，这并不能代表自己一无是处，关键在于你自己是怎么去想、怎么去做的。如果一个人能够静下心来，坦然自若地面对这种失意，你就会发现自己有很多可用之处。

没有一条路平坦到毫无坑洼，但我们不能因为坑洼而拒绝前行；没有一片土地平阔到没有低谷，但我们也不能因为低谷而放弃大河山川。静下心来，发现自己的优点，积弱图强，守弱保刚，为将来的大作为做好准备。

那些取得较大成就的人没有一步登天的本领，他们也并不是一开始便居于高位，关键就在于他们在不被重用与重视时，能够静下心来检讨自己，发现自己的优点，自己重用自己，能够沉下心来好好做事，最终厚积薄发。

芸芸是上海某名牌大学管理系的高才生,毕业后被一家外贸公司录用。一开始,上司只分配芸芸做文员,每天的工作就是整理、撰写和打印一些材料。深感不被重用的芸芸很是失意,满腹牢骚,哀叹不已,在工作中明显浮躁了很多,表现得非常不认真。

看着自己无精打采的样子,倍感失意的芸芸问自己:"难道我只能做些零碎而烦琐工作吗?"不!一向不服输的芸芸叫停了那种悲观的想法:"我思维缜密、善于分析,我还有这么多的优点呢。"

接下来,芸芸决定改变自己,她开始很认真地对待工作。由于整天接触公司的各种重要文件,又学过有关财政方面的知识,细心的芸芸发现公司在财政运作方面存在着一些问题,她便开始搜集关于公司财政方面的资料,将这些资料分类整理,并进行分析,提出建议,最后一并打印出来交给了老板。

老板详细地看了一遍这份材料后,惊异于芸芸如此年轻就有这么精明的头脑,而且分析得井井有条、合情合理。后来,每次开会时,老板都会征询芸芸的意见,并让她参与决策,对她十分倚重。不到一年的时间,芸芸被调到了总经理办公室担任助理,她的职业生涯也从此蒸蒸日上。

芸芸之所以能够获得比他人更多的成功机会,是因为她一开始就得到了重用吗?并不是!在不被重用的时候,她能够静下心来检讨自己,找到了自己的闪光点,合理地去开发自己,进而在人生的矿藏中开采出了"金子"。

众所周知,犹太人是世界上最富有的民族,他们的成功不是天生的,他们大多是从最底层的工作开始做起的,有的做过卖报童,有的做过小商贩，还有的做过电焊工。然而他们的一大共性就是，不管从事多么平凡的工作，他们都清楚自己身上是有优点的，重用自己，进而在平凡的工作中取得出色的成绩。

有的"树之所以能长成参天大树，是因它把根深深地埋入了土里"。得不到赏识，得不到重用时，千万不能焦虑抱怨、自卑自弃。在这等待的时间里，要更加努力地去充实自己，提高自己的能力。

积弱图强，守弱保刚。当你有一天有足够的能力担任重任时，新的机会和新的岗位自然就会向你走来。因为在老板的心目中，你已经变得不可替代了，那个时候你还会有"怀才不遇"的失意吗？加油吧！

每个人都是一片值得欣赏的叶子

想要对生活满足，首先要对自己满意，不要为难自己，要相信我们每个人都是这个世界上独一无二的个体，没有人能代替。

一位得道的禅师预感自己即将圆寂，于是他想把衣钵传给最优秀的弟子，就对弟子们说："现在是夏天，树林里的树木正是长得茂盛的时候，你们谁能找到最完美的一片绿叶，谁就能继承我的衣钵。"

于是徒弟们走进树林，各自去寻找完美的叶子。可是每片叶子都不一样，各有各的形态美。他们逐一比较，看得眼花缭乱也无法选出最完美的一片，最后都无功而返，对师父说："师父，世界上有那么多叶子，怎么可能有最完美的一片？请您不要为难我们了。"

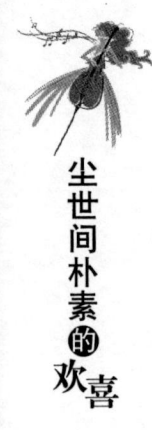

这时,一位徒弟回来了,他举着手中的叶片说:"师父,我找到了最完美的一片!"

其他徒弟看着那叶子,原来只是极普通的一片。他们开始挑剔这片叶子的毛病,那个徒弟却坚持说:"在我看来,这就是最完美的一片!"

禅师会心一笑,宣布将自己的衣钵传给这位弟子。

在禅师看来,一件事物的价值应由心灵决定,自己认为最满意的一片叶子,是其他叶子替代不了的。同理,对自己满意的人就是最完美的人。这种满意并非自恋,而是不论优点还是缺点,都能够客观地接受自己,欣赏自己的长处,努力克服不足。这种状态就是心灵的理想状态,这样的人幸福感也最强。

对自己的满意程度代表了心灵的健全程度。一个人是否成熟,表现在他对抗挫折的能力以及对待生活的态度上。如果一个人面对挫折总是畏畏缩缩,不敢迈步;对待生活始终牢骚满腹,没有欢喜,那么这个人既缺乏生存的能力,也缺乏创造幸福的能力。

想要对生活满足,首先要对自己满意,不要为难自己,要相信我们每个人都是这个世界上独一无二的个体,没有人能代替。我们的能力也许不够强,但好在每天都有进步,好在我们有美丽的梦想,并有实现它的决心,这样的我们值得自己骄傲。

一条龙遇到了一只青蛙,它们相互吹嘘着自己的生活。

龙说:"我住的地方是广阔的东海,我每天在那里畅快地冲浪。东海的浪涛有几十米高,波澜壮阔,气象万千!"

青蛙说:"我的住处是一个池塘,那里清幽宁静,冬天有雪,夏天有莲花，非常适合修身养性！"

龙说："我每天能在白云上行走，还能降下大雨，我每天都很威风。"

青蛙说："我每天都在池塘里唱歌，还能在陆地上跳舞，我每天都非常快乐。"

龙和青蛙的对话还在继续，一位禅师听到它们的对话后说："龙的生活固然自在，但这只青蛙却更有禅心，它不卑不亢，能对自己满意，这就是成熟。"

读完龙与蛙的对话之后，令人羡慕的不是那只每天行云布雨、威风八面的龙，而是那只守着一方池塘、每天不是唱歌就是跳舞的青蛙。那种悠然的心态让人向往，以这样的心态生活，定会每一天都有笑容，每一刻都能满足。

对自己满意是自信的表现，不仅对自身的素质自信，也对生活的现状自信。日常生活中有理不完的琐事，如果没有一个自信轻松的状态，很容易被烦恼缠身，还谈什么悠然自得呢？而自信的人面对烦恼时总是表现得成熟而稳重，不把小烦恼当一回事，还会立刻制订根除计划。因为有自信，任何时候他们都能从容应对。

大智者因为内心清净空明，对自己能够有正确的认识，但他们也会对自己有所不满，希望自己更加完美。其实事物都是相对的，完美也是如此，为人处世更是如此。不必强求什么，强求就失去了本来的韵味；也不必规定什么，规定就失去了自在的心态。用最轻松自然的方式审视自我、发掘自己，你就会发现每个人都是一片值得欣赏的叶子，因为独特，所以完美。

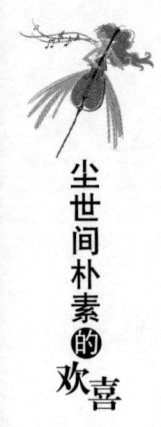

时刻把自己放在低处

"总把自己的杯子放得比茶壶还高,香茗怎么能注入你的杯子呢?"无论取得了多么大的成就,我们都不应该自己抬高自己,而是要静下心来,时刻将自己放在低处。

一个人在工作上或其他方面取得成就时会迫不及待地想让他人知道,这是人之常情。但这种急于表现自我、想被他人承认的心态,很可能会导致心理上的自我抬高,引人走向失败。

一个年轻人千里迢迢来到法门寺,对住持释圆大师说:"我一心一意要学丹青,但走南闯北十几年,至今没有找到一位令我满意的老师。许多人都是徒有虚名,有的人画技甚至还不如我呢!"

释圆淡淡一笑:"既然施主画技那么好,不如为老僧留下一幅墨宝吧。老僧最大的嗜好就是饮茶,可否为我画一个茶杯和茶壶?"

年轻人寥寥数笔就画出了一个倾斜的茶壶和一个茶杯。那茶壶的壶嘴徐徐吐出一脉茶水来,正注入那茶杯中。释圆看了后摇了摇头说:"你画得确实不错,只是把茶壶和茶杯放错位置了,应该是茶杯在上,茶壶在下呀。"

年轻人笑道:"大师为何如此糊涂,茶壶往茶杯里注水,哪能茶杯在上茶壶在下呢?"

释圆说:"原来你懂得这个道理呀!你渴望自己的杯子里能注入那些丹青高手的香茗,但你总把自己的杯子放得比那些茶壶还高,香茗怎么能注入你的杯子呢?要吸纳别人的智慧和经验,首先要把自己放低。"

"总把自己的杯子放得比那些茶壶还高,香茗怎么能注入你的杯子呢?"无论取得了多么大的成就,我们都不应该抬高自己,而是要静下心来,时刻将自己放在低处,保持谦虚的态度。

当你静下心来用谦逊的眼光看待周围的一切时,就会发现人外有人,天外有天,尺有所短,寸有所长,你将更清楚地看到自己身上仍然存在着许多不足,发现自己所取得的成就微不足道,同时也寻找到别人身上的优点。

在拥有财富、名声之时,千万不要沾沾自喜,不要认为自己很了不起,应努力让心态保持平和,提醒自己还有很多比自己优秀的人,将自己放在低处,摒弃自家之短,博采众家之长,不断地充实自己、提高自己。

有些人之所以一直是人们眼中的成功者,就是因为他们自始至终能够在成功面前静下心来,把自己的位置放低,能够看到自己身上的缺点和不足,然后付诸行动,使自己更加完善、更加完美。

梅兰芳是我国著名的京剧大师,他不仅在表演上造诣精深,在绘画领域也成就非凡。成名之后,梅兰芳不但没有放弃绘画,反而拜多位绘画大家为师,虚心向他们学习绘画技艺,齐白石就是他拜的绘画老师之一。

1913年,梅兰芳在上海首次演出时便萌生了向齐白石拜师学画的想法。他将齐白石请到书案前,拿出自己的画作请齐白石指点。齐白石对梅兰芳的画大加称赞,梅兰芳却谦虚地说道:"我人愚笨,总是画不好,

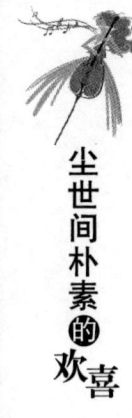

尘世间朴素的欢喜

我很喜欢您的草虫,想学您下笔的方法,我真心拜先生为师学画,还请您应允才是。"

梅兰芳拜齐白石为师时,他在戏曲界的名气已如日中天。人们都认为他拜师学画只是摆摆样子而已,哪还能潜心画画?就是齐白石本人也对他说:"你这样有名,叫我一声师父就是抬举老夫了,就别提什么拜师不拜师的啦……"

可梅兰芳坚持一定要举行拜师仪式,行跪拜大礼。他学画也特别认真,那一段时间里,只要不排练不演出,不管风天雨天,他都按时坐黄包车到齐宅学画,进门先向老师鞠躬问好,谦恭得就像个小学生。

在跟随齐白石学画期间,梅兰芳非常用功,没过多久他的绘画笔法更加纯熟,画技日益提高。终于,凭着高超、扎实的绘画技艺,他在绘画领域取得了非凡成就。而且,他对齐白石恭敬至极,他的许多尊师勤学的言行成为流传至今的佳话。

梅兰芳即使顶着"成功的花环",也绝不做"珠光宝气"之"秀",而是能够静下心来,将自己放在低处,在不断提高自己的过程中,使自己的人生得以升华,他这种谦虚的人生态度无疑是值得我们每个人学习的。

有一位作家说过:"真正有大智慧和大才华的人必定是低调的、谦虚的。才华和智慧像悬在精神深处的皎洁明月,早已照出了他们的心性。他们的心底是平和的,灵魂是宁静的。"

不要以为自己什么都行,得意时静下心来吧,表现得谦恭一点。这一如开在尘埃中的花朵,多了一份无华的朴实,少了一份浅薄的喧哗,必然能够吸天地之灵气,集日月之精华。

江海之所以能成为一切小河流的领袖,变得博大而精深,是因为它们处在一切溪流的下游。要想在激烈的竞争中获胜，没有什么比时刻把自己放在低处，虚心向他人学习更重要了。

能忍才会赢

"留得青山在，不怕没柴烧"，忍辱负重，以图将来。也许忍到最后一刻就会产生意想不到的变化，才有希望看到转机，只有笑到最后的人才是真正的英雄。

你向往一帆风顺，却不得不面对曲折的人生。其实，所谓的一帆风顺只是对一种自我安慰，当你不愿成为命运的奴仆而又暂无扼住命运咽喉的能力时，切记要学会忍耐。

张良忍辱下桥取履，终为帝王之师；韩信忍胯下之辱，统率百万大军，终于拜将封王；刘备隐忍苟活、寄人篱下，终成帝王大业；司马懿忍辱负重，终挫诸葛亮之计谋。这些人虽然没有"万乘之尊"，但都能在对自己形势不利的情况下含垢忍辱，忍常人所不能忍，终取得常人未有的成就，名留后世。而真正忍辱最成功的还是要数越王勾践：

烽火狼烟，血染千军。春秋争霸时，越王勾践因不听贤臣良言，长刀相向，因而忍受亡国之痛，方知悔恨。为了活命，为了复国，他舍弃尊王之位，含垢忍辱，派文种携带美女宝器贿赂夫差的宠臣伯嚭，这才使吴王夫差允许越国求和。

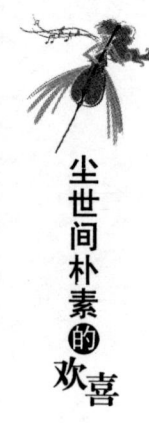

勾践随后带着妻子作为人质,来到吴国侍奉夫差。夫差出行,勾践为其当马夫,牵马坠镫;夫差生病,他亲自送茶送饭、端屎端尿,甚至亲尝夫差的粪便。他终于赢得夫差的信任,被释放回国。

返回越国以后,勾践亲自到民间访问疾苦,与有才之士共商治国大计。为鞭策自己,他卧薪尝胆,过着贫苦百姓的生活。他励精图治,发愤图强,十年生聚,十年教训,终于使越国民强国富。他后又抓住了稍纵即逝的机会,出兵攻打吴国,方报亡国辱君之痛,成其春秋霸主之名。

勾践为雪会稽之耻,才忍屈受辱,不惜寄人篱下,用各种方式来表明对夫差的无限忠诚。他舍弃尊位,为的是有朝一日站在姑苏台上,雪耻建国;那时大势已不可逆,天下最终被这位"忍大辱,沉大气"的越王而得。

"留得青山在,不怕没柴烧",忍辱负重,以图将来。也许忍到最后一刻就会产生意想不到的变化,才有希望看到转机,只有笑到最后的人才是真正的英雄。

商朝末年,商纣王建酒池肉林,设炮烙之刑;对内沉溺酒色,奢靡腐化,对外残忍暴虐、荼毒四海,使得民不聊生,国势日渐衰微。而生活在陕西渭水流域的周族首领姬昌广施仁德,礼贤下士,发展生产,深得人民的拥戴。这逐渐引起了商纣王的疑虑,于是他找了个借口将姬昌抓了起来,囚禁在当时的国家监狱羑里(今河南汤阴县北)。这时的姬昌已是82岁的老人了,这一关就是七年。

其间,纣王以种种野蛮手段对其进行侮辱和折磨,最为恶毒的是将其长子杀害后做成肉羹逼其吞食。相传文王长子伯邑考非常孝顺,在父亲被囚禁后非常担心父亲的安危，于是不顾一切来到殷都，想恳求纣王释放年迈的父亲，不承想却被纣王扣为人质。这时姬昌擅长算卦的事已被纣王得知，为了检验其算得是不是准确，纣王想出了残忍的一招，将伯邑考残忍地杀害了，竟然还烹成肉羹，派人送给姬昌吃。

姬昌看到肉汤，知道这是爱子的血肉，也很清楚这是纣王来试探他，如果不吃必定会引起猜疑。于是他强忍悲痛，装作若无其事的样子把肉汤喝了。纣王听了汇报，自鸣得意地对手下人说："谁说姬昌是圣人？喝自己儿子的肉煮成的汤都不知道！"从此就放松了对姬昌的警惕。

姬昌能够"忍难忍耻"，胸藏智识，腹隐韬略。一方面，姬昌在被囚羑里城的七年岁月里潜心研究，发愤治学，完成了《周易》这部千古不朽的著作；另一方面，姬昌回到自己的领地后，暗中招兵买马，扩充势力，准备与纣王对抗。后姬昌的儿子姬发（即周武王）继承了父亲的遗志，礼贤下士，拜姜子牙为军师，率兵讨伐，与纣王军队激战于商郊牧野，终究使得纣王大败无路，纵火自焚。自此，姬发推翻了暴政，建立了自己的周朝统治，开创了历史上的盛世之基。周文王、周武王也因此成为历史上的贤明之君，被后世景仰。

故"古之所谓豪杰之士，必有过人之节，人情有所不能忍者。匹夫见辱，拔剑而起，挺身而斗，此不足为勇也。天下有大勇者，猝然临之而不惊，无故加之而不怒；此其所挟持者甚大，而其志甚远也"。这需要大见识、大度量、大胸襟、大气魄。那些缺乏胸襟气度、目光短浅的人只能成为世人笑柄，以提供血的教训成为他人借鉴的对象。

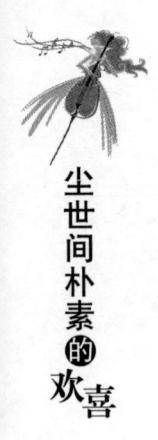

别拿别人的优点来折磨自己

嫉妒是吞噬人心的魔鬼,能够扭曲一个人的心灵,让善良的人变得阴险,让理智的人变得盲目,让开朗的人变得阴郁……

我国经典名著《三国演义》中,吴国大将周瑜的形象深入人心,周瑜年轻有为,有雄才大略,孙策临终对孙权说:"内事不决问周瑜,外事不决问张昭。"可见周瑜在吴国的重量,可在小说中,这位大将却因为嫉妒诸葛亮的才智而以悲剧收场。

周瑜几次想谋害诸葛亮,却被诸葛亮用才智化解,每一次失败都加深了周瑜对诸葛亮的嫉妒。诸葛亮通过借荆州、帮助刘备娶孙夫人、识破周瑜夺取荆州的计谋"三气周瑜",导致周瑜毒疮发作而亡,这位本该成为吴国支柱的才俊死前长叹:"既生瑜,何生亮!"

"既生瑜,何生亮"是《三国演义》里最有名的一句台词。尽管正史中的周瑜与小说中的形象截然不同,既没有嫉妒诸葛亮,也没有说过这句话,但小说中的故事仍然可以给我们以启迪。假设周瑜不因盲目嫉妒而屡次针对诸葛亮,而是把目光放长远,把精力放在增强吴国的国力上,不但孙刘联盟可以维持较长时间的和平,齐心对抗曹操,他本人也不致毒发身亡,英年早逝。一位有如此才华的大将因被嫉妒之心蒙蔽而失去性命,临死前还在哀叹自己不能赢过对手,真让人无奈,也让人警醒。

同样是嫉妒，战国时期也有一个著名的故事。

庞涓和孙膑一同跟鬼谷子学习兵法，后来在魏国做大将军的庞涓嫉妒孙膑的才能，将孙膑骗到魏国陷害他，挖去其膝盖骨使之成为废人。后来孙膑逃出魏国去了齐国，在马陵之战大败庞涓，使庞涓羞愧自杀。庞涓整日担心孙膑的才华会威胁到自己的地位，一定要除掉孙膑，最后不只孙膑受到了伤害，自己也落得兵败自刎的下场，可见嫉妒害人害己，古往今来，不知多少人因它而走上不归路。

嫉妒是吞噬人心的魔鬼，能够扭曲一个人的心灵，让善良的人变得阴险，让理智的人变得盲目，让开朗的人变得阴郁……嫉妒像毒芽一样，一旦生根就很难拔除，而人在嫉妒的支配下不但会坐立不安，眼睛只盯着嫉妒的对象，满脑子都是自己与对方的差距，还容易做出伤害他人的事，给自己和他人带来巨大的损失。

林洁是个心理医生，在一所高校做心理辅导工作。一天，她的姐姐突然告诉她，外甥女小西最近学习状态不对。晚上，林洁去了姐姐家，和小西进行了一番长谈。

最近，正在读高二的小西成绩直线下降，以前总能排到班里前十名，而前天的考试只考到第三十名，小西说她每天上学都非常紧张，因为她的好朋友小锦门门功课都很优秀，每次都排在班上前三名，做数学题总是比别人快，学习又很刻苦。小西每天回家后都会想小锦在做什么、小锦每天学习到几点钟，久而久之，弄得自己心烦意乱，根本无法复习功课。

林洁安慰小西："嫉妒是每个人都会有的情绪，为什么你不从另一个

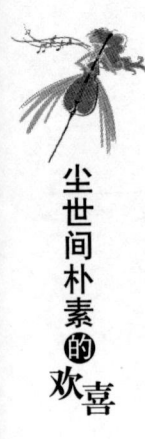

角度思考这件事呢？小锦和你是好朋友，好朋友的成绩好，你不应该替她开心吗？小锦和你做好朋友，不也证明你是个优秀的女孩子吗？有小锦这么聪明的朋友，有什么疑问都可以让她帮助你，不是会更快地提高成绩吗？"

经过林洁的开导，小西冷静下来，很快恢复了平和的心态，一个月以后的月考中，小西的成绩虽然还是没有小锦高，但她一下子从第三十名考到第九名，让老师和同学们大吃一惊。

不论是谁都有嫉妒之心，嫉妒来源于人与人之间现实的差距，也来源于一个人不健康的心态。小西因为嫉妒自己的好朋友而分散了精力，导致成绩严重下滑。经过林洁的心理开导，小西重新找回了对自己、对朋友的定位，也重新找回了生活的重心。

哲人说："嫉妒就是拿别人的优点来折磨自己。"现实生活中，比我们优秀的人比比皆是，我们可能会嫉妒他人的美貌、成绩、幸福的家庭……因为自己没能拥有，或者拥有的东西不能使自己满意，因此而嫉妒别人。

其实，每个人都有不如意，一方面优秀，另一方面就会缺失。一个聋人对邻居说："我真嫉妒你能听到各种各样的声音。"邻居是个盲人，他说："是啊，我也嫉妒你能看到这么多东西。"当你嫉妒别人的时候，别人也正在暗暗羡慕你，明白这一点，你还有什么不平衡的呢？

嫉妒根植在人们的内心世界，有人愿意将这种感情转化为羡慕或敬佩，有人则任由它发展为敌视与不平。人一旦被嫉妒蒙蔽双眼，就会忽视现实，一味沉浸在攀比的情绪中。与其嫉妒别人的拥有，不如先在自己身上找一找原因。嫉妒是对他人优越性的敌意，那么他人为什么会比自己优越，自己究竟差在什么地方？只要掌握好嫉妒的限度，嫉妒也可以成为一个成功的契机。当你面对一个优秀的人，不可遏制地心生嫉妒时，不妨把这种嫉妒之情化为前进的动力，以那个人为目标，敦促自己前进。要相信他人能做到的事，你也一定能做到。

也许不完美才是真的美

大大小小的不完美组成了我们的生命，谁也不是神，不能保证一切如自己所愿，唯有正视这些不完美，你才会发现它们并不可怕。

一个从农村转入城市高中的男孩正在做自我介绍，他不会说普通话，农村土话说得结结巴巴、词不达意，教室里的同学不由发出大笑，他窘得红了脸。

第二节课就是英语课，老师向新同学提问，男孩显然连最基本的英语发音都没学好，他按照题目造了一个句子，又引起哄堂大笑，男孩的脸更红了。

下课后，几个爱开玩笑的男生去和男孩打招呼，学着他的英语发音逗他开心，男孩用带着浓厚乡土气息的土话，不卑不亢地对他们说："在我们村里，只有一个来支教的英语老师，他说他英语口语不好，只教给我们语法和阅读。我们那里没有收音机，听不到真正的英语，你们的英语一定很好，能教教我吗？"

看到男孩诚恳的眼神，几个男生收起了笑容，从此以后，他们尽心尽

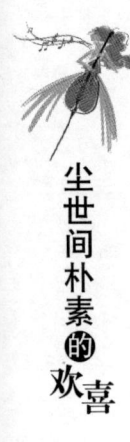

尘世间朴素的欢喜

力地纠正男孩的英语发音和普通话发音。一年以后，男孩的语言水平突飞猛进，一跃成为英语课堂的佼佼者。

农村转来的男孩不但说话带着乡音，难以和人交流，英语口语更是一塌糊涂。可喜的是，这个男孩不卑不亢，主动向那些嘲笑自己的人说明情况，希望他们帮助自己提高。一个人的态度往往能够决定结果，经过虚心请教和努力用功，男孩的语言能力飞速提高。

有时候，不完美只是困难的一种形式，只要正视它，就能战胜它。就像一块看上去毫无特点的山石，经过细心雕琢也可以成为一件艺术品；一颗不起眼的沙子，却能在蚌壳里被孕育成珍珠；一个人只要肯努力，完全可以把不完美转化为完美。就像安徒生童话里的丑小鸭，也有成为白天鹅、展翅高飞的一天。

有时候，不完美是生命的常态，你只能接受它，因为不论我们如何努力、如何追求，我们生命中都有太多不完美、不如意，这种不如意浸透了我们的日常生活。比如，早早起来地铁却出现了故障；打重要电话时信号出现问题；考试成绩总与分数线差一分；喜欢的衣服并不适合自己……当我们做一件事没有达到想要的结果，或者没有以最佳方式达到这个结果时，就会产生"不圆满"的感叹。大大小小的不完美组成了我们的生命，谁都不能保证一切如自己所愿，唯有正视这些不完美，你才会发现它们并不可怕。

在非洲，野生大象的象牙是高价的宝物，很多非法捕猎者驾车去草原追逐大象，开枪射击，然后割下象牙高价卖到国际市场。因此，非洲象一天比一天少。

在一群大象中,有一只老象格外引人注目,现在的非洲象很少能活这么长时间,有小象问老象长寿的秘诀,老象说:"我小的时候象牙被折断,一直以来,我没有象牙。"

小象惊恐地问:"象牙被折断?那不是很可怕的事?"

老象说:"没错,我们最引以为豪的东西就是象牙,我没有象牙,年轻的时候经常被人嘲笑,但是就因为我没有象牙,才躲过了被猎杀的危险,活到现在,那些有美丽象牙的大象,早就已经死在了猎人的枪下。"

在偷猎猖獗的非洲草原,一只老象正在给小象讲授自己长命的要诀,它比其他象活得长,是因为它的象牙从小就被折断,而那些曾经嘲笑过它的大象全都因为珍贵的象牙死在了猎人枪下。有时候,不完美也是一种优势,它看似令人遗憾,却包含了莫大的福音。

如果有这样一个提名,让人们说出世界上最不完美的东西,很多人都会想到巴黎卢浮宫的断臂维纳斯,但这尊没有双臂的雕像仍然是卢浮宫的镇馆之宝,每天都有数以万计的游客想要一睹她的芳容。不完美真的那么重要吗?也许不完美才是真的美。

以更开阔的心态看待这个问题,何必在乎生命中的不完美?因为每个人的标准都不一样,你眼中的完美也许是别人眼中的不完美,相反那些你不喜欢的东西,却是别人眼中的宝贝。

"完美"本身就是一种主观概念,谁也不能评定,你完全可以自信地说:"即使有缺点,我依然很完美。"谁又能反驳呢?

人生短暂,我们没有那么多时间与精力打磨方方面面,不可能让自己像抛光的钻石一样每个角度都有夺目光泽;也不能要求世界像自己希望的那样转动,甚至围绕自己旋转;当然更不能要求身边的人都顺着自己的心

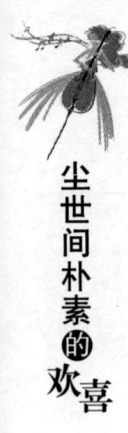

意,因为每个人都有自己的想法。我们能够做的只是追求更好的生活,不那么逼迫自己,也不要放任自己,每天比昨天更进步一点,时时刻刻把握自己人生的方向,也许我们不能让自己完美,但至少能让自己优秀,能让自己在活着的每一天都有新的想法和新的收获。

第九章 淡贪欲，弱水三千只取一瓢饮

欲望多了，幸福和平淡就少了，也就不能从容地生活了。淡然处世，无欲无求，平平淡淡才是真。淡在欲望之外，心境纯澈，眼界自然开阔。一个人能看淡一切欲望、输赢、成败，才是真正有福之人。

无欲无求才是真正的快乐

这世界上除了我们自己没有人会在意我们的人生。所以，没必要在别人的眼光下辛苦地活着，没必要委屈自己。

很久以前，一个国王虽然坐拥天下城池，却并不觉得自己快乐，于是他想去寻找世上最快乐的人。有人给他出主意，说有钱的商人是最快乐的，国王便找到最富有的商人问他："你是最快乐的人吗？"商人摇摇头，甚至十分愤恨地回答："我一点儿都不快乐。商界变化无穷，我随时都有可能变成穷光蛋，所以根本没时间和心情快乐。"

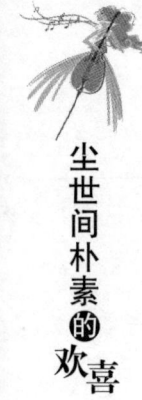

尘世间朴素的欢喜

之后,有人说有权的人快乐,于是他招来最有权力的大臣问:"你是最快乐的人吗?"大臣大惊失色,说道:"微臣不敢,微臣官位小,稍有不慎,就有被罢官的可能。所以微臣每日尽忠职守,为陛下分忧,为百姓效力,根本没有时间去想快乐的事。"

就这样,国王问来问去,最后问到了乞丐那里。只见乞丐衣衫褴褛,却一脸笑意,兴奋地回答:"你算问对人了,我的确是最快乐的人,因为我不用考虑要挣多少钱,要吃多少美味的食物,要穿多鲜艳的衣服。我只是浪迹天涯,走到哪里,只要赏我一口饭就足矣。所以,我觉得自己非常快乐。"

一个乞丐的快乐竟远远超出了富商和官员,按照常理来说,这个结果是不会令人信服的,但事实的确如此。

让我们快乐的不是身份和地位,而是一个人的欲望。一个富有的商人之所以觉得自己不快乐,就是因为他有更高更难实现的目标和愿望,他想要挣更多的钱,想要做更大的生意,想要保持永远成功。他知道,只要自己稍稍懈怠,就会有变成穷光蛋的可能。一个有权的官员之所以不快乐,是因为他对权力有着极大的欲望和恐惧,他虽然心底向往追求最高权力,却又不得不向最高权力妥协,因此他也不是快乐的。

欲望是人性最普遍的弱点。虽然人人都懂得这个道理,但每每看到名车、珠宝和华贵的衣服时又都会怦然心动。欲望再大些,我们就不只是想要看看这么简单了,必须要拿到手里、戴在身上才能满足我们的欲望。到了那时,快乐就更难登门造访了。

其实,拥有了那些锦衣玉食、珠光宝气又能怎样?失去了那些豪车、豪宅、尊贵权力又能怎样?一个人能看淡一切欲望、输赢、成败,才是真正的有福之人。弱水三千，只取一瓢饮。就像故事中那个乞丐一样，纵然世间有许多华衣丽服，有许多山珍海味，我只要一箪一瓢足矣。

当然，一个人希望得到别人的尊重，希望满足自己的虚荣心，这本身是人之常情，也可以说，这是我们每一个人始终不懈努力的人生动力。但不要因为这样就把自己逼向绝境，要知道我们每个人都不是为别人而生存的，事实上，这世上除了我们自己，没有人会在意我们的人生。所以，没必要在别人的眼光下辛苦地活着，没必要委屈自己。

李国强是个普通市民，也是一个名副其实的股民。入股市几年来，随着大盘的暴涨，李国强所买的股票市值翻了几倍。看到自己赚了不少，李国强每天都心情舒畅。有一年，大盘站在了六千点的高度，身边许多朋友都劝李国强将股票抛出，见好就收，但他不听，一定要乘胜追击，结果不但没有将股票抛出，还把自己的存款全都投入股市中去了。

不料，还不到年底，大盘暴跌，朋友马上劝他减仓，但李国强还是不甘心，他认为大盘还会掉头冲到八千点。结果，不懂得适可而止的李国强，眼睁睁看着自己的股票市值一点点往下跌，李国强被深深套在股市里，万分后悔当初没有听朋友的劝。现在的李国强破了产，连辛苦上班挣来的钱都没了，但凡有人谈论股票，他都会皱着眉头快快躲开。

大千世界有万种诱惑，有万种欲望，需要你淡然对待，否则你将很难轻松快乐。只有不过分苛求自己的人才能活得快乐。不能成为第一，就坦然充当第二；不能拥有伟大，就甘愿静守平庸。用轻松的人生规则主宰自己的快乐又有何不可呢？金钱、权力、输赢能比得上一生的快乐吗？任何事情都会"过犹不及"，懂得八分哲学的人才能拥有更多的快乐，会适可

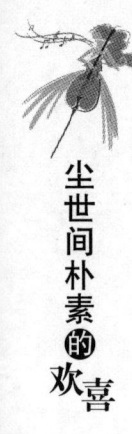

而止的人才是生活的智者。

人生固然不能没有追求，但过度地追求反而使我们迷失了生活的方向。

生活中，我们总喜欢那些做事认真的人，因为他们做事细致、为人正派。都说认真的人最值得敬佩，因为认真的人能把工作做得出色，能让生活变得精致，能让人生变得幸福、充实。认真的态度的确是人人都需要的，但如果认真过了头就成了看不开，就成了太计较。很多人都是因为认真过了头，太过执着，对自己苛求过多而导致人生过于沉重。这样就相当于为自己的人生增添了十字架，无法享受当下幸福的生活。

不如把一切欲望看淡一点儿，对待输赢成败心宽一点儿。凡事适可而止，才能把握好自己的人生方向。不管是工作还是生活，都要掌握适度的原则，注意分寸和火候，做到"胸中有数"。

知足才能常乐

一位名人说："如果你一直不满足，即使得到整个世界，你依然是不幸的人。"同理，只要心灵能够满足，即使被整个世界遗弃，我们依然可以是幸福的人。

一位虔诚的信徒每天都不停地祈祷，请求上帝赐给他一些土地，让他能够养活一家老小。三年来，他每天祈祷三次，从未间断。他的虔诚令上帝感动，于是上帝就派一个天使到他面前说："上帝已经恩准了你的要求，明天太阳升起的时候，你就从家门口开始跑步，直到太阳落山的那一刻，你跑过的地方从此属于你。"

信徒大喜，第二天一早他就开始跑步，为了获得更多的土地，他一刻也不停地跑，甚至不肯停下来喝一口水，结果太阳还没下山，他就已经累死在道路上。他的家人含泪将他埋进土中。天使无奈地说："为什么这个人需要这么多的土地？"

如果仅靠奔跑就能得到土地，相信很多人都会像故事中的信徒一样用尽力气拼命奔跑。但人的生命是有限的，以有限的生命追求无限的财富，结果难免失败。信徒没有成为一个富翁，最后只得到一小块葬身的土地。在死亡面前，那些他努力想得到的东西并不属于他，也不属于任何人。

每个人在出生的时候就带着对世界的欲望，有些人追逐金钱，有些人追逐名利地位，还有人追逐美丽、追逐更好的生活……每个人的追求不同，只要是合理的、恰当的，都能够成为一种前进的动力，让人奋发向上，不断突破自己。当人的生命处于理想的生活状态，他不但能满足自己的生存需要，还能保持自由畅快的心灵。而欲望一旦过度，就如洪水决堤，再也没有方向，它使人盲目，使人迷失。而一个贪婪的人总是觉得自己拥有的不够多，他们的人生意义在于攫取，所以他们总是被各种各样的烦心事束缚，很难快乐。

两个富翁死后到了天堂，他们多年前是对手，后来做各自的生意，不再有交集，此刻相逢在天堂门口，看到对方穿着朴素的衣服，都诧异地问："你看上去怎么这么贫穷？"

一个说："一直以来我都是个富有的人，我把赚来的钱全部换成金条存在我的地下室。可是前段时间，我的所有金条都被盗贼盗走了，我成了

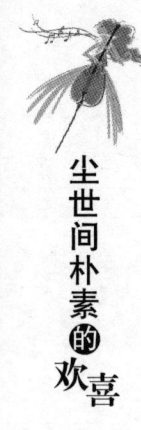

穷光蛋。"

另一个说："我也曾经是一个把金钱全都藏起来的人，晚年的时候我生了一场大病，医生好不容易才把我救回来。我突然觉得人一死，拥有多少金钱都没有用，所以我决定把它们分给那些更需要的人。死之前，我已经捐出了自己所有的财产。"

第一个富翁听到后若有所思地说："你是对的，如果我生前也能明白这个道理就好了。"

天堂门口，两个成为穷人的富翁聚在一起，他们都曾为赚钱绞尽脑汁，现在他们一无所有，心态却大不一样。第一个富翁一生的心血被盗贼偷走，沮丧而绝望，认为一生的努力全都成了泡影；第二个富翁将一生的储蓄用来帮助穷苦的人，平和坦然，认为自己是一个有意义、有价值的人。

仔细观察我们的所有物，我们的财产不是属于自己的东西，我们只是暂时的保管者，时间一到，或者把它们传给后代，或者将它们归还他人。有形的无形的东西都不属于我们，属于我们的唯有感觉，喜怒哀乐是我们自己的，心灵上的平静或烦躁也是我们自己的。一位名人说："如果你一直不满足，即使得到整个世界，你依然是不幸的人。"同理，只要心灵能够满足，即使被整个世界遗弃，我们依然可以是幸福的人。

当一个人过度关注外部事物，任由欲望支配自己时，他就会忽略自己的内心世界。印第安人有一句古训说"慢点走，等等自己的灵魂"，就是告诫人们要关注自己的心灵。只有心灵能够发觉生命最本质的东西，只有心灵能够抑制欲望的躁动。万事万物能够被我们触摸、欣赏、利用，可是并不属于我们。同样，我们也只属于自己，不属于任何事物，当我们能够认清世界是无数个独立的个体时，自然也不会执着地去占有，内心会因此变得充实而潇洒。

贪心是一种自我折磨

抓得住的永远比抓不住的重要，自己手里的总比别人手里的安全。

游牧民族的孩子从小就要学习牧羊和打猎，全族的青壮年男子都要到丰茂的森林草地去寻找猎物。一个孩子刚刚学会骑马，在叔叔的带领下学习打猎，想要一展身手。

小孩子爱玩，心态又浮躁，看到兔子就想追兔子。正在追兔子时，旁边蹿出一只鹿，他又想追那只肥大的鹿。这时一只野鸡从头上飞过去，他又想弯弓射箭打下野鸡。孩子就这样看到什么想打下什么，结果一个都没打到，回头再找一开始看到的那个，动物们早跑没影了，忙了一天，他两手空空。

叔叔告诉他说："我第一次打猎时和你一样，看见什么想打什么。但是一次只能射一箭，得到一只猎物就是收获，为什么要贪心？只有戒掉这个毛病，你才能成为一名优秀的猎手。"

孩子初学打猎难免三心二意，什么都想抓的结果是什么都打不到，白白浪费力气。长辈以自身经验告诫孩子，想要做一个优秀的猎手，先要先学会不贪心，一心一意地盯紧眼前的目标。打猎如此，做任何事也是一

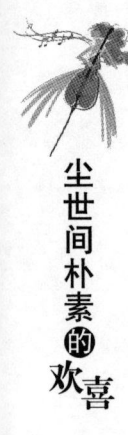

尘世间朴素的欢喜

样,目标一旦堆积,就会造成视觉上和心理上的双重障碍,只有头脑清醒的人才会从一开始就盯准一个,抓到手再着手下一个。

俗话说,一个人不能同时追赶两只兔子。如果一只兔子朝东,一只兔子朝西,那么这个人只能留在原地踏步,一无所获。如果兔子再多一点,这个人恐怕连怎么抓兔子都忘了,光顾着想究竟追哪只,成为一个彻头彻尾的空想家。大千世界,机会无处不在,诱惑无时不有,如果不能认定一个目标,那么不论是精力还是头脑都会不够用。

人们常说做事要重视过程,不要过分看重结果。其实这句话应该加一个前提,不论什么过程,都需要投入百分之百的心力,否则就不叫过程,叫路过。路过的人看看路边的好风景,欣赏一下别人的劳作,还能评论一下哪一块地长得好,哪一片庄稼收成差。当然,收获这件事与路过的人无关。三心二意的人经常处于"路过"状态,他们做什么事都是三天新鲜,很快又有了新的目标、新的计划,而且他们还会找很多理由说服自己、说服别人:"现在这个比以前那个更好。"这样的人抓不牢自己的人生,只能"被路过"。

一只狐狸住在一座大山里,它经常为食物发愁。这一天,它的好运来了,山脚下的一个农民开了一个养鸡场,狐狸每天都溜下山,偷偷叼走一只鸡。农民每天清点鸡的数目,发现每天都要少一只,可狐狸跑得太快,农民没有办法。

渐渐地,狐狸觉得每天一只鸡不够吃,它想要吃更多的鸡,于是它每天叼一只大个儿的鸡,还要带上一只小鸡。又过了半个月,一只大鸡和一只小鸡也不能满足狐狸的胃口了,它开始叼两只大鸡。可是叼了两只大鸡后,狐狸逃跑的速度明显慢了下来,终于在一天晚上,狐狸被埋伏在鸡棚外的农夫抓个正着。直到被捆住，狐狸的嘴还紧紧咬住一只鸡。农夫叹息说："你真是到死都不知道悔悟！要不是你太贪心，又怎么会被我抓到！"

一只饥饿的狐狸发现一个养鸡场，从此它的胃口越来越大，这个过程形象地反映了贪心的膨胀。一旦欲望超过一定限度，灾难就会降临——狐狸被养鸡的农夫抓住。更让人感叹的是，这只狐狸到死也摆脱不了自己的贪欲，它被抓的时候还紧紧地咬住刚刚偷来的鸡，贪欲的毁灭力量可见一斑。

俗话说，人心不足蛇吞象，这是关于贪心的一个形象比喻。一条蛇想要吞下一头大象，就像我们每天面对外部世界的诱惑，什么都想得到，偏偏我们精力有限、金钱有限，如果一味去追求，有可能让自己累倒在半路。就算有一座金山摆在眼前，我们能拿的也只是自己拿得动的那一部分，不然不是在半路晕倒，就是在金山里饿死。不得不承认，以我们有限的生命和能力，追求不了那么多的东西，承受不了那么重的负担。

既然一个人的能力决定了他能获得什么，努力程度决定了他能获得多少，贪心就成了一种自我折磨。就像小时候我们吃着糖果时，如果总是想着没吃到的饼干，或者想着明天吃的蛋糕，目标太多，就会造成心理上的混淆，最后吃到嘴里的都不香甜。还有的时候，我们顾此失彼，不看自己手里的这个，而是紧盯着别人手里的，最后两边都落空。与其如此，不如简单一点、专一一点，把握住自己眼前的东西，因为抓得住的永远比抓不住的重要，自己手里的总比别人手里的安全。

人生的道路也是如此，很多时候，我们不只有一个选择，哪个方向都有自己想要的东西，哪个方向都是一种诱惑，我们必须下定决心选择其中一个，才能用最短的时间到达目的地。

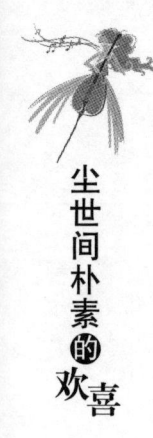

选择也需要智慧,我们选择的地方不应该是虚幻的海市蜃楼,而是那些我们的目光也许不能到达,但相信自己有能力到达的地方。一个人不能追逐两个理想,任何时候,专一的人都比左顾右盼的人拥有更多把握成功的时间和机遇。

给欲望定一个底线和标准

人的欲望就像开车,到了一定的速度,如果不及时刹车,不但害了自己,也会给别人带来巨大损失。

在古代,国家面临内忧外患,有位皇帝登基后选拔了一批年轻能干的大臣辅佐自己,其中有四个人最引人注目:第一个人指挥兵马抵抗外族侵略;第二个带领人马深入边疆开拓领土;第三个辅佐皇帝完善内政,保证百姓安居乐业;第四个人掌管国家机构,使国家行政高速而有效率。经过十年的时间,国富民强,四夷臣服,皇帝对这四个人感激不尽,让他们自己提出想要的官职。

第一个人要当将军,第二个人要求在自己开拓的领土封侯,第三个要当宰相,而第四个人对皇帝说国事已了,想要回家孝顺父母、陪伴妻子,皇帝答应了他们四个的要求。

又过了十年,前三个人或因为朝臣造谣,或因为自己生了歹心,都被皇帝处斩抄家,只有那个功成身退的大臣不但全家性命得以保全,还常年享受着皇帝的赏赐、百姓的赞扬。

在阿拉斯加的赌场里，赌场管理人员故意将赌场的灯光布置得昏暗，让人一进去就会有忘记时间的感觉，既感觉不到黑夜也感觉不到白天，只会被现场的气氛感染，不断下注。在这里，人的贪婪不断被煽动，手中的筹码用完，他们会迫不及待地去买更多的筹码，平日理智的人也会为一夜暴富疯狂。他们中的大多数人都输光了自己的钱，有的甚至倾家荡产。只有那些能够控制欲望的人，才能真正把赌博当作一种娱乐，赢了很开心，输了也不可惜。

在股市上也经常有这种情况，有人为了致富，不但拿出自己所有的财产，甚至举债购买他所看中的"潜力股"。这类人中的极少部分人发了大财，更多人赔得一干二净，也有人为此结束生命。旁观者感叹，股票本来是一种投资方式，偏偏有那么多人将它当作投机的机会，为了财富完全忽略了巨大的风险，把自己逼上绝路，给家人带来灾难。这一切都源于无止境的欲望，由此可知，欲望应该有一个底线，超过这个底线，所有人都输不起。

一个国王为了自己的国家操劳一生，年老之后，妻子已经去世，他把王位传给自己的儿子，他希望能在一个幽静的山林中颐养天年，安然离世。于是，他独自去了邻国的一片山林。

到了山林他才发现，山里的生活并不简单，住在山洞里，他需要每天捕鱼抓食物。他觉得有更好的工具生活会更轻松，于是去集市用抓来的鱼换来渔网、弓箭等工具。等到有了这些东西，他觉得有条船、有匹马自己会更轻松，于是又去买船、买马。过了一段时间他觉得自己忙不过来，就雇人帮他捕鱼、打猎。国王的运气很好，渐渐地，他的仆人越来越多，财

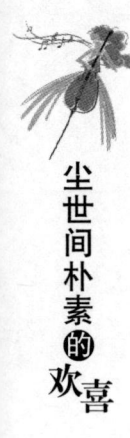

尘世间朴素的欢喜

富也越来越多，甚至邻国国王都派人请他去宫中吃饭，他又恢复了过去锦衣玉食的生活，每天为各种琐事烦恼，仍然不能过梦想中的安静生活。

国王想要归隐山林，安享晚年，可是这位总是想要"充实"自己的国王很快又成了一方名人。其实，国王只要在最初的几个步骤停下来，他就能够过上简单的生活。但国王放任自己的欲望越来越多，欲望越多，生活就越复杂，等他回过神来的时候再也不能过平静的生活了。

对待欲望，人们有两种方式：一是适当地控制它，二是尽量满足它。喜爱开车的人最喜欢开快车，因为只有开快车才能真正享受到飞驰的快感。当他们沉迷在这种奔驰中时，速度一再升高，危险也可能悄然降临。当速度超过限制速度，有时会引发严重的交通事故。人的欲望就像开快车，到了一定的速度，如果不知道及时刹车，不但害了自己，也会给别人带来巨大损失。

欲望是人最基本的属性，没有人能摆脱欲望，也不必对它过分害怕。我们能做的是尽量给欲望定一个底线和标准：在这个标准上，既能让自己生活得舒服、自在，又不会损害别人的利益；在这个标准上，心灵能够保持一种宁静而又积极的状态，不会因贪婪劳累，也不会因碌碌无为而迷茫。也许我们尚未知道如何把握这个标准，那么等有一天察觉自己拥有的已经太多，灵魂早已疲惫不堪时，那个标准已经来到你的面前，记得要理智地对自己说"刹车吧"。

欲望是个无底洞,越填越痛苦

被欲望束缚的人就如同着了魔一般,每天都想得到更多的东西,但他们只得到表面上的热闹,而不是真正的生活。

众弟子请禅师讲解贪欲,禅师说:"与其我来讲,不如让你们看看实际的例子。"

禅师带着弟子们到了一个城镇,他对一个乞丐说:"这位施主,我会问你一些问题,如果你如实回答,我会给你五百钱作为答谢。"乞丐高兴地答应了禅师。

"请你回答我,如果你有了这五百钱,你会用来做什么?"禅师问。

"我要去对面街上的饭店好好吃上一顿,然后再去美美地睡上一觉。"乞丐对禅师说。

"那么,如果你身上有三串钱,你会做什么呢?"禅师继续问。

"那么我就要找个旅馆,买一堆美味食物,欢欢喜喜地过上一天。"

"如果你有一两银子,你会做什么?"

"我要买几件好的衣服,干干净净地走在大街上。"

"那如果你有一百两银子呢?"

"那我就要买几间房子,再也不做乞丐。"

"如果你有一万两银子呢?"

"我就去做大生意,住最好的房子,再找个美女做老婆。"说到这里,

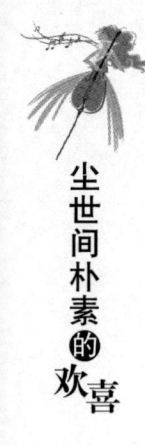

乞丐已经乐得手舞足蹈了。

　　禅师说:"多谢,我的问题问完了,这是五百钱,请你拿好。"

　　回去的路上,徒弟们感叹:"人的欲望果然不能满足,难怪人们都说欲壑难填。"

　　贪如野火,名利害人。智者知欲壑难填,所以远离欲望,而世间凡俗之人却总是利欲熏心,不知满足为何物。就像故事里的乞丐,最初的愿望不过是一碗饭,到了最后就想功名利禄、事事齐全。他最后得到的也不过是一碗饭,名利富贵如南柯一梦,只能让人感叹。

　　我们只是凡人,做不到无欲无求,我们需要满足自己的生存需求,需要更好的生活条件让自己和家人身心愉悦,需要更高的地位证明自己的能力。适度的欲望对人有激励作用,这些都是正常的。但要知道满足欲望不是人生的全部,一旦欲望过度,就会造成内心的极度不满足。如此,人们就希望自己能够获得更多,为此苦心孤诣,再也不去想其他事。

　　过度的欲望是一把悬在头上的利剑,有人明知它危险,却为了自己的享受铤而走险;有人无视它的存在,红着眼只想抓住名与利,直到被这把剑弄得遍体鳞伤。生活的快乐早已远离了他们,名利的火焰时时灼烧着他们,他们备受煎熬,却再也不能挣脱。

　　徐华是一位普通的都市白领。这一年生日,她收到一份昂贵的礼物:一个名牌的手提包。这个手提包抵得上徐华大半年的薪水,她十分开心地将礼物捧回家。

　　没想到,烦恼接踵而来,有了这个手提包,徐华认为自己不能穿太旧或质地不好的衣服来搭配,她只好动用存款买了一批衣服。她看着自己使用的物品也觉得不顺眼，只好依次提高物品的档次。渐渐地，她开始羡慕奢华的生活，几乎把全部的工资都用来满足她的物质需求。她痛苦地发现，一个手提包竟然完全改变了她的生活。

心怀贪欲的人永远不会满足，他们的贪欲一旦被某个小事物触及，就会一发不可收拾。虚荣心在膨胀，被得不到的空虚感折磨，尽一切可能满足自己的欲望，却发现欲望是个黑洞，越填越深，越想越痛苦。所以就像故事中所说的那样，一个手提包就能毁掉快乐的心情，甚至毁掉了原本安好的生活状态。人一旦虚荣，就会陷入物质的泥沼，无法脱身。

被欲望束缚的人，就如同着了魔一般，每天都想着得到更多的东西，但他们只得到表面上的热闹，而不是真正的生活。他们追求的仅仅是生活的那个外壳，总想着让它漂亮一点儿，更漂亮一点儿。终有一天，他们会发现这个漂亮的壳子如此空洞，如海市蜃楼般只适合远远看一眼，根本不能居住；他们才会发觉长久的努力换来的只有疲惫与麻木，人生至此了无生趣，却还要守着黄金屋子继续过活。

淡然的人懂得主动远离欲望，他们认为凡事适度就好，不会贪得无厌。就像一顿筵席，他们不会紧盯着一道菜不放，而是酸甜苦辣都尝尝，这样一来五味俱全、营养丰富，自然就有好的身心状态。永远要记住虚荣不是自尊，要做物质的主人，而不是被它驾驭的奴仆。

下篇　淡是最深的滋味

尘世间朴素的欢喜

过犹不及,别让欲望超标

欲望给人带来的损失不只是物质上的得不偿失,更是心灵上无止境的饥渴,贪婪的人总是被这种饥渴折磨。

在日本,夏日夜市是人们很喜欢的娱乐场所,夜市上有一项传统的游戏:捞金鱼。

各种各样的金鱼放在巨大的铁皮容器里,捞金鱼的人需要买一个渔网,然后蹲下身捞自己喜欢的金鱼,捞到的就可以带回家。有些人能捞到很多条,有些人却一条也捞不到,因为捞金鱼的网不太结实,金鱼如果用力,就可以在被捞出水之前挣破网。

一个小孩一连买了五六个渔网,都被金鱼挣破,他抱怨老板说:"你这里的渔网质量太差了,我一条都捞不上来。"老板笑着说:"你既然知道渔网很薄,为什么还要挑那些个头大的金鱼呢?如果你愿意捞小一些的,现在你手中的鱼也许可以放满一个小鱼缸了。"

在贪心的人看来,一切东西都是越大越好、越多越好,他们不会想自己手里的渔网究竟能不能撑得住大鱼的重量,只会想花了钱就要得到最多的实惠。其实,金鱼并不一定是大个儿的好,小鱼也有小鱼的轻巧美丽,而且容易养活。但贪心的人总是忽略这个简单的事实。

有一位中国诗人曾写过这样一首简单的诗,只有三个字:"生活——

网。"生活就像人们手中的渔网，人们想要捞取很多东西，并且认为捞的越多越好。但是，一旦这些东西超过了网的容量，人们就会失去一切，包括手中的渔网。

一个人如果被欲望支配，他的目光就始终在生活之上：当他住着宽敞明亮的房子时，他想要更大的房子；有了更大的房子，又想要一座独体别墅，有了别墅，他又想得到更多别墅，即使他做了地产商，他也不会满足，永远不会低下头看看他现在住的房子是多么舒适。欲望给人带来的损失不只是物质上的得不偿失，更是心灵上无止尽的饥渴，像一个永远喝不到水的人，贪婪的人总是被这种饥渴折磨。

还有人将贪婪与进取等同，认为贪婪是人前进的动力，因为"有了明确的目标才能奋发向上"。但进取是在自己现状的基础上，想要更进一步提高自己的能力和生活水平，它的本质是一种利用，多数情况下，这种"利用"既有利己的一面，也有利他的一面；而贪婪是指对某种事物，特别是名利相关的事物无限制的索取，它的本质是一种占有，而且不与他人分享，仅仅满足个人的私欲。

机场大厅，张敬看到了多年不见的同学徐佳，两个人感慨万千，徐佳对张敬说："这么多年没见，听说你现在是一家公司的经理，老同学们都很羡慕你。"

张敬说："你看上去还很年轻，我也很羡慕像你这样自由的人，工作的时候出去采访，没事的时候到处旅游。"徐佳点点头说："是啊，虽然工资低点，不过这种生活适合我，你今天是要去哪里？"

"我要去广州开会，下午还要飞往武汉，有个合同需要我亲自处理，还要连夜赶回来。"张敬说。徐佳问："那么你什么时候休息？"

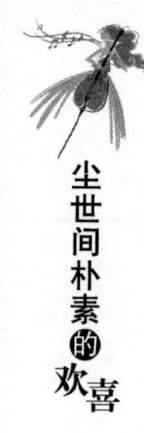

"再过十年二十年,我有了足够的钱,就可以歇下来了,像你一样到处走走。"

"这种生活你现在就可以过,而且肯定比我过得更好,为什么等到十年二十年以后呢?"徐佳说。

那天会面后,张敬一改往日的生活态度,他仍然认真地工作,却拿出比以前更多的时间陪伴家人,四处旅游。当人们问他原因时,他说:"生命太短,不要把最想做的事放到以后。"

机场的一次相会,使事业有成的张敬重新审视自己的生活。在徐佳看来,有物质基础的张敬,理应比他更有资本享受生活,而张敬却想把这种享受推迟到十年或二十年以后。他们都知道问题的答案:张敬觉得自己得到的不够多,他想要得到更多的金钱。

人们常说金钱是万恶之源,但不能否认,金钱能够为我们做很多事,衣食住行、生老病死,没有一样能离开金钱,想要活得舒适自在,必须有足够的金钱支撑,也难怪人们会有欲望、贪念。谁不想让自己、让自己的亲人生活得更好呢?但同时也要认识到,过犹不及,一旦欲望超标,得到的东西就不再是享受,而是负担,随着负担越来越重,不但肩膀被压得生疼,脑细胞死了一片又一片,心灵的平静更是不复存在。

国外的社会学家曾做过一项研究,发现人们的欲望越小,幸福感就越高。幸福生活的关键在于掌控自己的欲望,学会适可而止,要尽量让自己生活得好一些,但不要将这种愿望当作唯一的追求,因为生命中还有更多事情需要自己投入精力,它们所带来的快乐是金钱不能带来的,就如一位作家写道:"金钱可以买来药物,但买不来健康;金钱可以买来婚姻,但买不来爱情;金钱可以买来学历,但买不来能力……"我们的关注点应该聚焦于精神的丰盈上，而不是物质的多少上。

远离欲望这只拦路虎

> 人生自有其乐趣，并不需要一味地依靠物质，将财富看得过于重要，不停地追逐财富，即使财富到手，也会失去幸福。

"钱财不积则贪者忧，权势不尤则夸者悲，势物之徒乐变。"这是庄子在《徐无鬼》中所说的一句话。意思是说，追求钱财的人往往会因钱财积累不多而忧愁，而贪心者是永不满足的；那些追求地位的人常因职位不够高而暗自悲伤；迷恋权势的人特别喜欢社会动荡，以求在动乱之中借机扩大自己的权势。

世上总有一些人会因为在钱财、名利、地位等方面得不到满足而方寸大乱。面对公司破产、降职等情况，有些人就会蠢蠢欲动，在私底下耍阴谋诡计，结果让自己越陷越深，虽然职位高了，物质生活越来越好了，可欲望也越来越大了，竟再也得不到快乐了。

人生自有其乐趣，并不需要一味地依靠物质，将财富看得过于重要，不停地追逐，即使财富到手，也会失去幸福，这是一件十分可悲的事。

无可否认，财富具有无可比拟的魅力，人们追求财富是为了更好地生活；美丽的外表也同样具有无可企及的诱惑力，人们追求它是为了满足自己的私欲。欲望蒙蔽了人们的双眼，最后倾其一生对其穷追不舍，不仅得不到幸福，反而会跌入万恶的深渊。

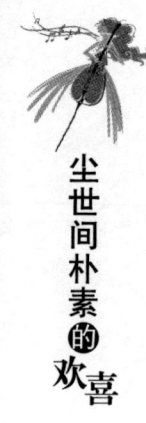

尘世间朴素的欢喜

两个非常要好的朋友在林中散步，同时欣赏着夕阳西下的美景。这时，有个小和尚从林中惊慌失措地跑了出来，两人见状拉住小和尚便问："小和尚，出了什么事，为何如此惊慌？"

小和尚上气不接下气，忐忑不安地说："我正在林子那头移栽一棵小树，却忽然发现了一坛金子。"

两人听后哈哈大笑，说："挖出金子来有什么好怕的，你真是太好笑了。"接着，他们贪婪地问道："你是在哪里发现的？告诉我们吧，我们不怕。"

小和尚极力劝说："你们还是不要去了吧，那东西会吃人的！"

两人觉得小和尚很好笑，异口同声地说："我们不怕，你告诉我们它在哪里吧。"

于是，小和尚只好告诉他们金子的具体地点，于是两个人飞快地跑进树林。按照小和尚说的，他们果然找到了那坛金子。

其中一个人说："如果我们现在就把金子运回去就太过张扬了，还是等到天黑再运吧！这样，现在我留在这里看着，你回去拿点儿饭菜，我们在这里吃过饭，等半夜的时候再动手。"于是，另一个人照做了。

谁料想，留下来的那个人竟心存歹意，想：要是这些黄金都归我，该有多好！等他回来，我一棒子把他打死，这些黄金不就都归我了吗？

不料，回去的人也在想：我回去之后先吃饱饭，然后在他的饭里下些毒药。他死了，这些黄金不就都归我了吗？

过了没多久，回去的人提着饭菜来到树林，结果他刚进树林，就被他的朋友用棍子一下子打死了。然后，那人得意扬扬地拾起饭菜吃了起来。吃着吃着，他的肚子就像火烧一样疼痛起来，这才知道自己中了毒，不免后悔万分。临死前,他才想起小和尚的话,自言自语道:"小和尚的话真对啊,我当初怎么就不明白呢?"

本来非常要好的两个朋友只因为一坛金子,在瞬间就心生歹意变成了仇人,直到临死前才如梦初醒,知道自己财迷心窍,被贪婪的欲望蒙蔽了双眼。可见,钱财有时不但不能给人带来幸福,甚至还能够夺走人的性命。一旦人被欲望蒙蔽了双眼,人心便彻底迷失了。

人们经常在金钱、地位等的诱惑中迷失自我,忘记了生活的本意,结果得到的越多,失去的幸福也就越多。

在很久以前,人们还靠打猎来维持生活,可是又没有很好的猎捕工具,因此条件极其艰苦。有个人冥思苦想想出了一个捕捉火鸡的方法——他把箱子制作成一个有进无出的陷阱,一旦火鸡钻进去,只要把进口堵上,火鸡就插翅难飞了。

第二天,他就来树林里验证这个方法。他抓来一把玉米,从箱子外面一路撒下去,一直撒到箱子里面,然后他在箱子盖上系了一根绳子,自己攥着绳子的一端,远远地躲在一边,等着火鸡的到来。不一会儿,果然有一群火鸡看到了玉米粒,便沿着玉米的路线欢快地啄食起来。很快,领头的两只火鸡钻进了箱子里,随后又接连钻进去三只,外面还有两只肥大的火鸡没有钻进去。那人苦苦等着,心想:一共有七只火鸡,如果这回都抓到了,那么一个礼拜都不用出来觅食了。

当这人正异想天开的时候,率先进去的一只火鸡已经吃饱了,并且大摇大摆地从里面钻了出来。这人一看着急了,懊悔刚才就应该拉下绳子,可他想外面还有两只呢,如果这两只都进去了,丢了那一只也就丢了,正

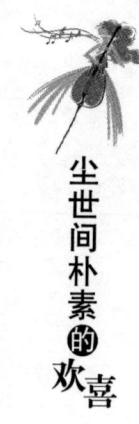

想着，又有两只火鸡跑了出来，他还在犹豫着，又有两只跑了出来。

最后，这个人眼睁睁地看着那群火鸡心满意足地离去了，箱子里什么都没留下，包括他的玉米粒。

很多人都希望从越来越富足的物质中得到安逸快活的闲暇时光，但很多人却因此而偏离了最终的目的，最后只是为了钱、权而去追求。就像那个发明了捕捉火鸡工具的人，他本来想活捉一只火鸡，但一见火鸡成群结队地接近自己的圈套，便心生贪欲，变得不淡定了，结果赔了夫人又折兵，真是得不偿失。

贪欲犹如一只拦路虎，让许多人烦躁不安，不能静心，如果懂得知足，让自己远离贪欲这只拦路虎，就能给自己的心灵一片轻松，在宁静中自由地驰骋。因此，为了解脱自己，将欲望看淡一些吧，为了享受快乐，将心放宽一些，将欲望减少一些吧！在拥有的时候就应当知足，从而平心静气地拉下那条欲望的绳子，那么结果就将是另一番景象了。